SUPERサイエンス

量子化学の世界

名古屋工業大学名誉教授
齋藤勝裕 Saito Katsuhiro

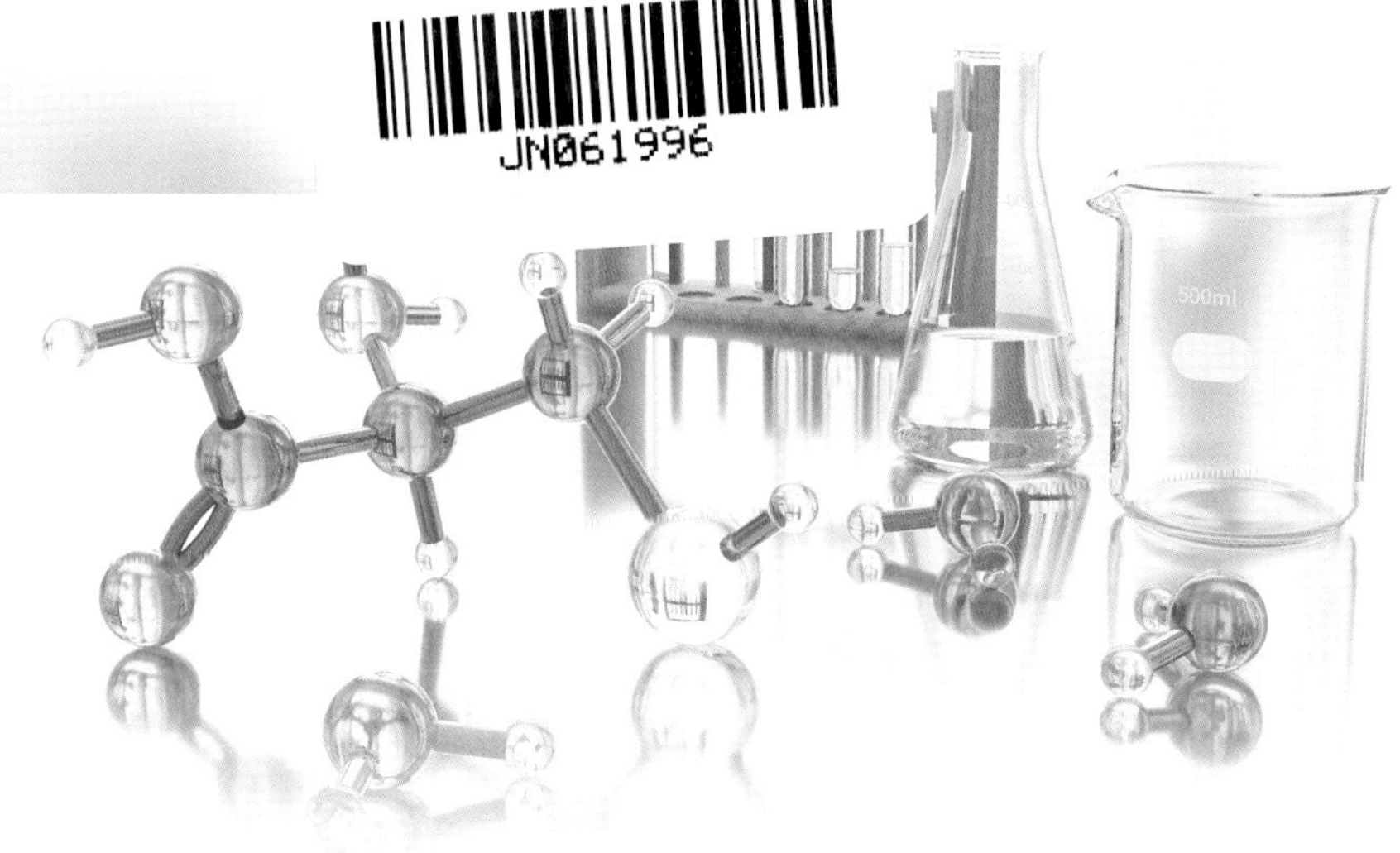

C&R研究所

■本書について

● 本書は、2021年11月時点の情報をもとに執筆しています。

●本書の内容に関するお問い合わせについて

この度はC&R研究所の書籍をお買いあげいただきましてありがとうございます。本書の内容に関するお問い合わせは、「書名」「該当するページ番号」「返信先」を必ず明記の上、C&R研究所のホームページ（https://www.c-r.com/）の右上の「お問い合わせ」をクリックし、専用フォームからお送りいただくか、FAXまたは郵送で次の宛先までお送りください。お電話でのお問い合わせや本書の内容とは直接的に関係のない事柄に関するご質問にはお答えできませんので、あらかじめご了承ください。

〒950-3122　新潟市北区西名目所4083-6
株式会社C&R研究所　編集部
FAX 025-258-2801
「SUPERサイエンス 量子化学の世界」サポート係

はじめに

20世紀初頭、科学界に突如「相対性理論」と「量子論」という二大理論が登場しました。相対性理論は宇宙のような巨大な物を対象とし、対して量子論は電子や光子のような極小の物を対象としました。当時の化学界は、原子の存在がようやく明らかになったものの、その構造、性質については暗中模索の状態でした。量子論はそのような原子の構造をものの見事に解き明かしてくれたのです。以来、化学は量子論と二人三脚の関係を築き、この分野を研究の主対象とする新しい化学「量子化学」を誕生させたのでした。

量子化学は化学者の期待に良く応え、多くの成果をもたらしてくれました。それは原子、分子の「構造」「物性」「反応」など、化学の全ての分野に及びました。本書はこのような量子化学のあげた成果のうち、主に「構造」「物性」についてわかりやすく、具体的に説明した書籍です。

なぜ「反応」の説明を欠いたかというと、反応を理解するためには有機分子の立体構造と反応論の知識が必須だからです。本書のスペースでそれらを解説した上で、量子化学的反応論を解説するのは残念ながら不可能です。しかしいつかの機会に解説をお届けしたいものと思っています。ぜひご期待ください。

2021年11月

齋藤勝裕

CONTENTS

CONTENTS

Chapter 5 イオン結合と金属結合

Chapter 6 共有結合と分子軌道法

CONTENTS

Chapter 9

分子の構造と性質

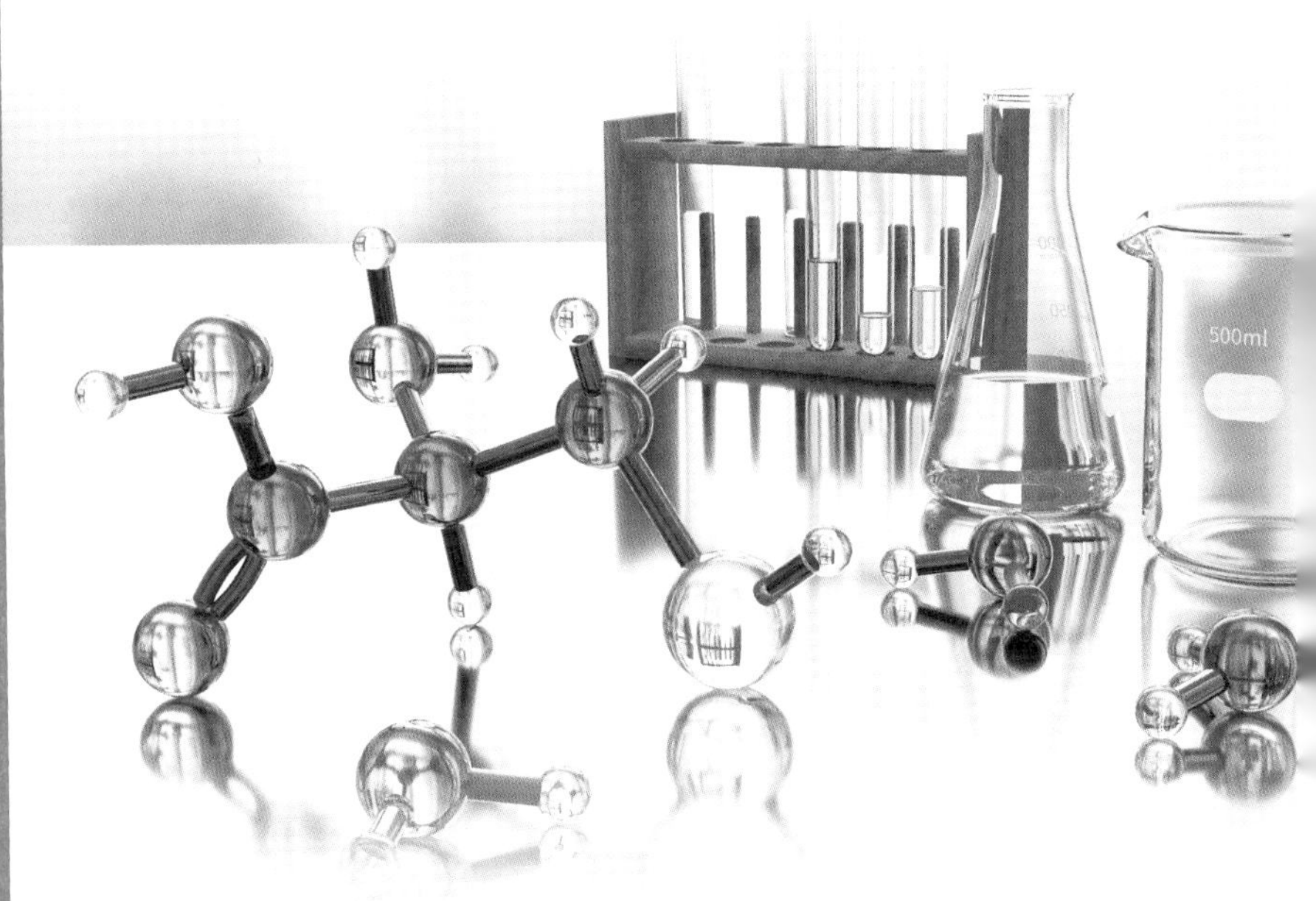

Chapter. 1
量子理論とは?

SECTION 01

20世紀の二大理論

これから解説しようとしている「量子化学」は「量子理論」から発展した理論です。量子化学は化学現象に量子論を適用した、つまり原子や分子という化学物質の性質や化学反応を量子論で解明しようという理論です。20世紀初頭、物理学は荒波にもまれていました。

相対性理論と量子理論

イギリスの天才科学者ニュートンは1687年に「プリンキピア」という本を出版しました。そこには現代でいう力学に関するほぼすべてのことが解説さ

●プリンキピア

PHILOSOPHIÆ
NATURALIS
PRINCIPIA
MATHEMATICA.

Autore *JS. NEWTON*, *Trin. Coll. Cantab. Soc.* Matheseos Professore *Lucasiano*, & Societatis Regalis Sodali.

IMPRIMATUR.
S. PEPYS, *Reg. Soc.* PRÆSES.
Julii 5. 1686.

LONDINI,

Jussu *Societatis Regiæ* ac Typis *Josephi Streater*. Prostat apud plures Bibliopolas. *Anno* MDCLXXXVII.

れており、当時の物理現象の全てが理路整然と解釈、解説されていました。当時、最新鋭の測定器を用いて観察、測定した全ての現象は、「リンゴが落ちる現象」から「惑星が太陽を周る現象」まで、全てがプリンキピアで述べられた原理でくまなく解明できました。それによれば、質量を持つ物体の間には万有引力が働き、円周運動をする物体には遠心力が働くということが基本となっていました。

以来250年間ほど、つまり20世紀初頭まで、プリンキピアで述べられているニュートン力学は全宇宙の物理現象を余すところなく解明する「神の教え」のように扱われてきました。

相対性理論

ところが、20世紀に入った頃、実験の観測精度が上がるにつれ、ニュートン力学で説明できない現象があることが明らかになってきました。それは主に電磁気の分野、特に電子の挙動に関する現象でした。

この現象を当時の科学者の「想像を絶する想像」で解決したのがドイツの科学者アイ

ンシュタインが1905年に発表した「(特殊)相対性理論」でした。相対性理論は、ニュートンが検証することなく信じていた「絶対空間」と「絶対時間」の観念を突き崩してしまったのです。

「絶対空間」というのは、宇宙のどこかに動くことの無い座標原点があり、全ての物体の運動、大きさはその座標系によって規定されるという、現在も私たちの概念の中心を占めている考えです。そして「絶対時間」というのは、時間は宇宙のどこに居ても同じ間隔で同じ時を刻むというこれまた私たちの常識とするところです。

ところが、相対性理論はこのような「常識」は間違っていると言ったのです。それは「地球は動いている」と言ったコペルニクスやガリレイの宣言よりもっと衝撃的なものでした。

●アインシュタイン

量子理論

相対性理論は光速、宇宙、時間、空間という壮大な現象を相手にした理論でした。ところが相対性理論誕生と全く同じ頃、真空、電子、光子という極小な世界を相手にした理論が誕生しました。それが「量子理論」でした。

量子理論は極小の世界では、日常の世界では想像もつかない現象が起きていると宣言したのです。当時の常識では、「真空は何も無い空間」と考えられていました。ところが量子理論では「真空では2個の極小の対粒子が誕生しては消えている」と宣言したのです。その上、「その極小粒子が存在する位置は誰にもわからない」というのです。

原子論によれば、全ての物体は原子という微粒子からできています。つまり、原子を構成する電子、原子核という極小粒子からできているのです。その極小粒子が「どこにいるかわからない」というのでは、物体の存在、しいていえば私たち生命体の存在はどうなるのでしょう？

ということで、20世紀初頭の物理学界、化学界は大変な騒ぎになったのでした。

SECTION 02

宇宙は何からできているのか？

相対性理論や量子理論が発表された当時、それを信用する人は多くはありませんでした。多くの旧来の科学者はこれらの革新的な理論を理解する「能力に欠けていた」と言ってよいでしょう。あるいは「理解して受け入れるには頭が固すぎた」と言ったらよいでしょうか？

ダークマター

これらの理論を半信半疑ながらも受け入れて、その真偽を、観測を通じて明らかにしようという科学者の地道で真摯な活動の結果、これら量子理論は決して突拍子もない「世迷いごと」ではなく、宇宙の動きを正しく記述、解析する理論であることが明らかになってきました。

当時、宇宙は原子や分子という物質からできていると考えられていました。「物質」というのは「精神」や「神」などに対峙する概念で「有限の質量と有限の体積を有する物」という意味です。ところが、観測によって推定した宇宙の総物質量から引力を計算すると、物質の量が少なすぎるのです。つまり、この少ない物質量では宇宙を纏めて1つにするだけの引力は出てこないというのです。少なくとも現在の物質量の6倍程度の物質量は無ければならないというのです。

だけど宇宙のどこを探してもそのような巨大物質は存在しません。しかたなく、この「謎の質量体」をダークマター(暗黒物質)と名付けることにしました。

●宇宙

ダークエネルギー

ところが、観測が進むとまた困る問題が起きてきました。宇宙は１３８億年前に起きたビッグバンという大爆発によって誕生し、それ以来、宇宙はビッグバンの爆発力によって膨張を続けていると考えられています。しかし、その膨張速度は当初の膨張速度のままか、あるいは速度を落としていると考えられていました。

ところが、宇宙の膨張速度は加速されているというのです。膨張速度を加速するためにはエネルギーが必要です。そのエネルギーは宇宙のどこかに存在していなければならないということで、このエネルギーをダークエネルギー（暗黒エネルギー）と言います。

現代の宇宙論では、宇宙を作る物の５％が原子や分子などの物質、25％はダークマター、そして70％がダークエネルギーと考えているのです。本書は「量子化学」を扱います。量子化学は「化学」の理論であり、化学は「物質を扱う研究」です。

つまり、量子化学が研究対象とする電子、原子核、原子、分子等の微粒子という「物質」は宇宙の５％に過ぎないのです。

粒子性と波動性

量子理論でよく知られた問題に、「粒子性」と「波動性」の問題があります。それは光や電子は粒子(粒)なのか、それとも波動(波)なのかという問題です。

粒子は物体であり、波動は運動です。光や電子は物体なのか、それとも運動なのかと問われても答えに窮します。

電子は粒子である

電子は粒子であるということを端的に示したのは霧箱(きりばこ)を用いた実験でした。霧箱というのは中に細かい水滴である霧を満たすことのできる箱のことです。

次の図のように床と天井を電極とした霧箱を作ります。通電しない状態(図A)で霧箱内に霧を発生させます。すると箱の中に生じた霧の粒(水滴)は重力によって落下します。その速度は空気抵抗を無視すれば全て等しく、速度＝v_0です。

　ところが通電すると（図B）、粒によって速度が変わってきます。それは天井の陰極から発生した電子が霧に付着し、その結果、床の陽極に引かれた結果です。この時、落下する霧の速度を計ると速度＝v_0、v_0+V、v_0+2V、v_0+3V…とVを単位として異なることがわかりました。

　これは各霧粒子に付着した電子が1個、2個、3個という単位になっており、それによって霧の落下速度もv_0、v_0+V、v_0+2V、v_0+3Vとなったことを示すものです。つまりこの実験は電子が1個、2個と数えることのできる粒、粒子であることを示すものなのです。

●霧箱を用いた電子実験

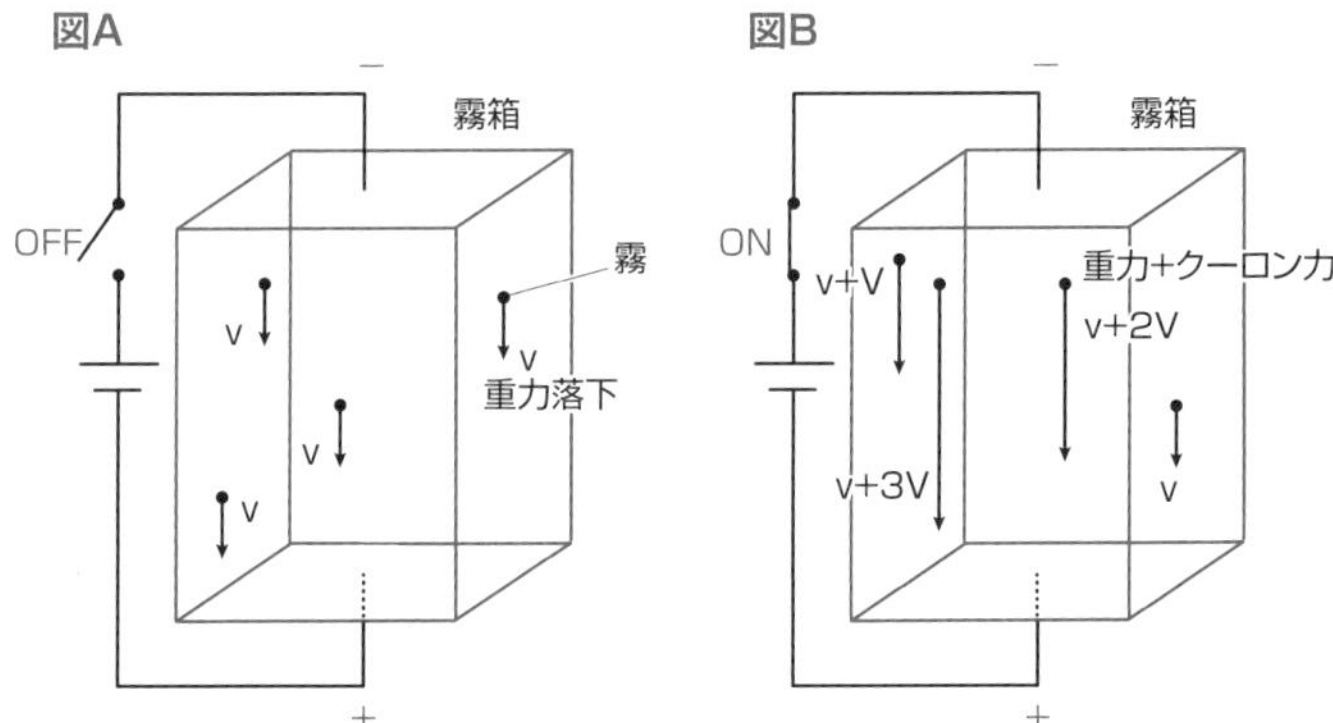

光も粒子である

図は光電管です。光電管というのは真空管の一種であり、内部が真空になったガラス管の中に陰極と陽極を封じ込めた物です。陰極に光を当てる(照射する)と陰極から電子が飛び出し、それが陽極に飛んでいくことによって通電するという原理です。

グラフは照射した光の強さCとその結果流れた電流Aの関係です。両者の間には完璧な相関関係があります。これは電流の強さ(電子の個数)に比例した個数の光が射出したことを示すものであり、光も粒(光子)であることを示すものです。

●光電管の光の強さと電流の関係

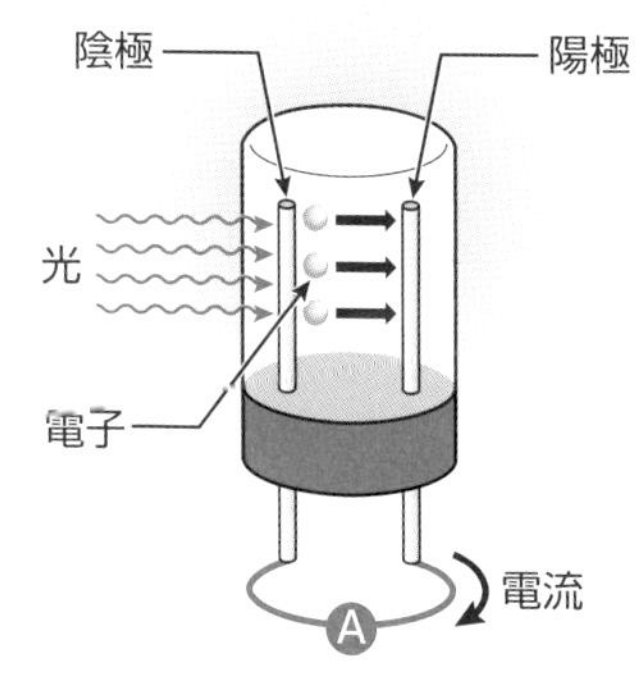

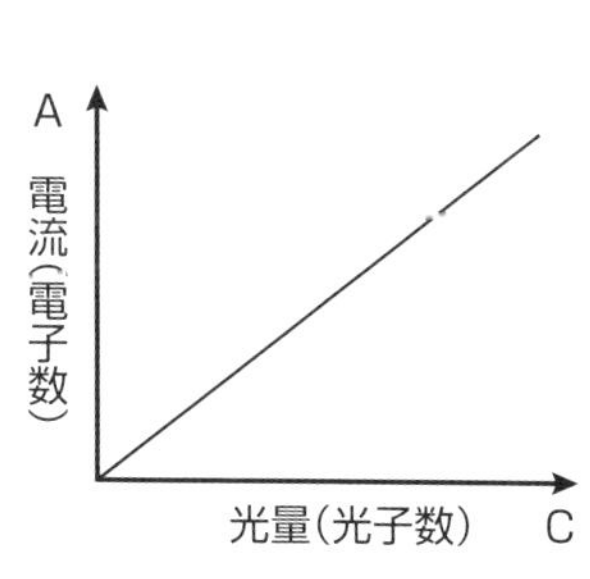

光は波である

図は平板の2カ所に孔をあけ、そこから光を放射した様子です。孔から出てきた光は穴を中心に広がり、2カ所から出た光はある領域で重なり、同心円状の強弱を持った干渉縞を表します。

これは2カ所の孔から出た光が同心円状に広がり、それが重なることによって山と山、谷と谷、山と谷の違いによって強弱が現われたものです。つまりこの現象は光が波であることを示しているのです。

●平板の2カ所に孔をあけ光を放射した結果

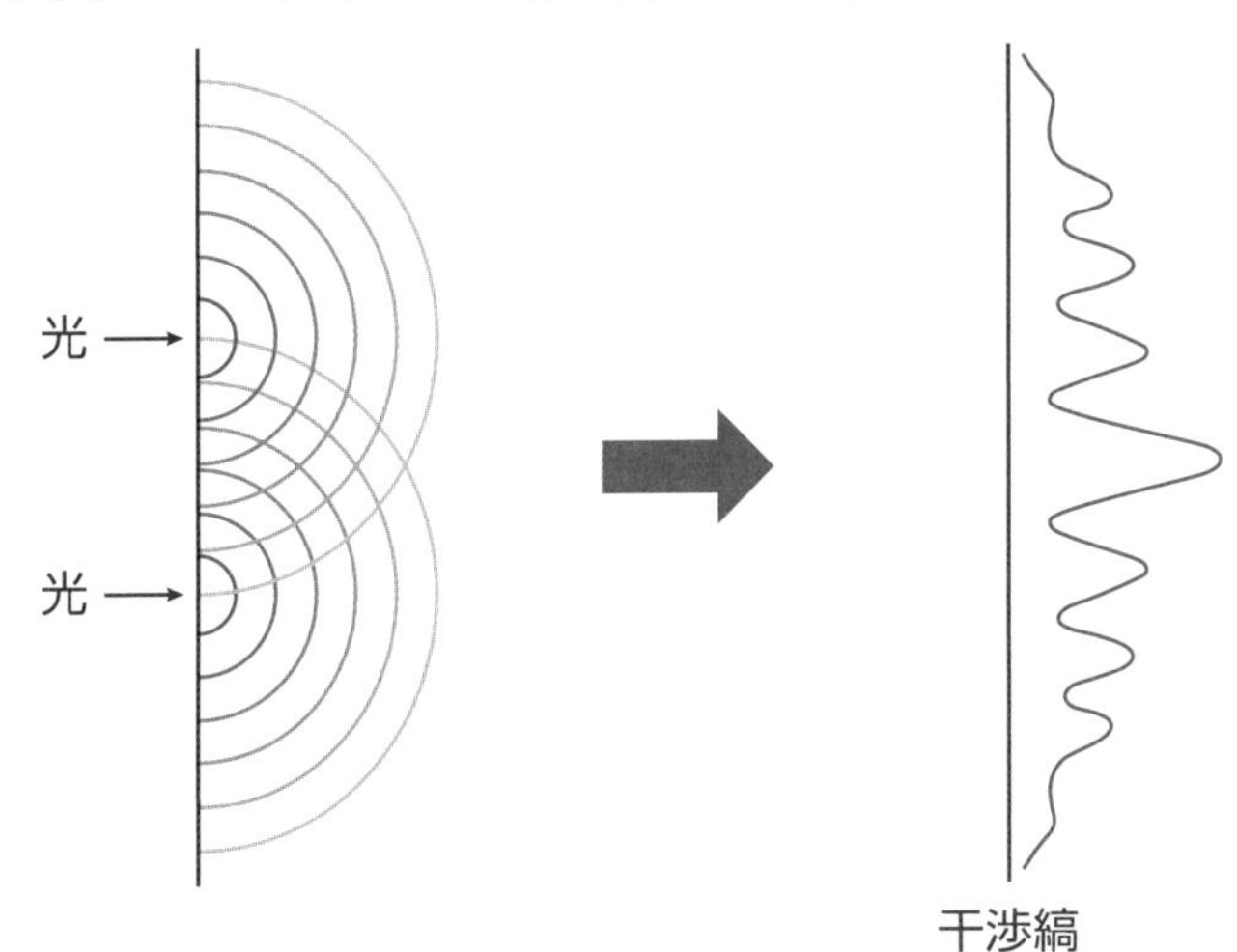

光は波動か粒子か?

それでは、光は波なのか、それとも粒子なのかと聞くのはお門違いです。コウモリはスズメのように空を飛びますがスズメと違って卵は産まず、ネズミのように赤ちゃんを産んで母乳で育てます。それではコウモリはスズメなのでしょうか?　それともネズミなのでしょうか?　もしコウモリにそう聞いたら「私はコウモリよ、スズメでもネズミでもないわ」と答えるでしょう。

光も同じです。光は光です。波でも粒子でもないのです。光の性質のある一面を説明しようとすると、波の性質を例にとって説明するのがわかりやすく、別の性質を説明するときには粒子の性質を例にとるとわかりやすいというだけのことなのです。

コウモリは鳥類なのか、哺乳類なのか? などというつまらないことに頭を悩ます必要は全くありません。コウモリはコウモリなのであり、光は光なのです。

物質波

電子や光子という微粒子が波動性と粒子性を持つのは前項で見た通りですが、実はこのような二面性を持つのは微粒子だけではないのです。量子論によれば全ての物質は二面性を持っています。物質を波として考えた場合の波を物質波と呼びます。

ド・ブロイの式

フランスの科学者ド・ブロイは、全ての物質は波動性を持っていることを発見しました。波であるからには波長をもちます。その波長λ(ラムダ)は、ド・ブロイの式と呼ばれる式(1)で与えられると言います。ここでpは運動量、mは質量、vは速度です。hはプランクの定数と言われる定数です。

この式に従うと次のようなことになります。

❶軽く(m小)て遅く(v小)て運動量の小さい(p小)物は波長が長い
❷重く(m大)て速く(v大)て運動量の大きい(p大)物は波長が短い

物質が波として認識されるためには波長がある程度長くなければなりません。つまり、波長が長い❶は波動性が大きく、波長が短い❷は波動性が小さく、粒子性が大きいということになります。粒子性と波動性の関係をグラフで表しました。

実際の例

体重66kg、時速3・6km(秒速1m)で

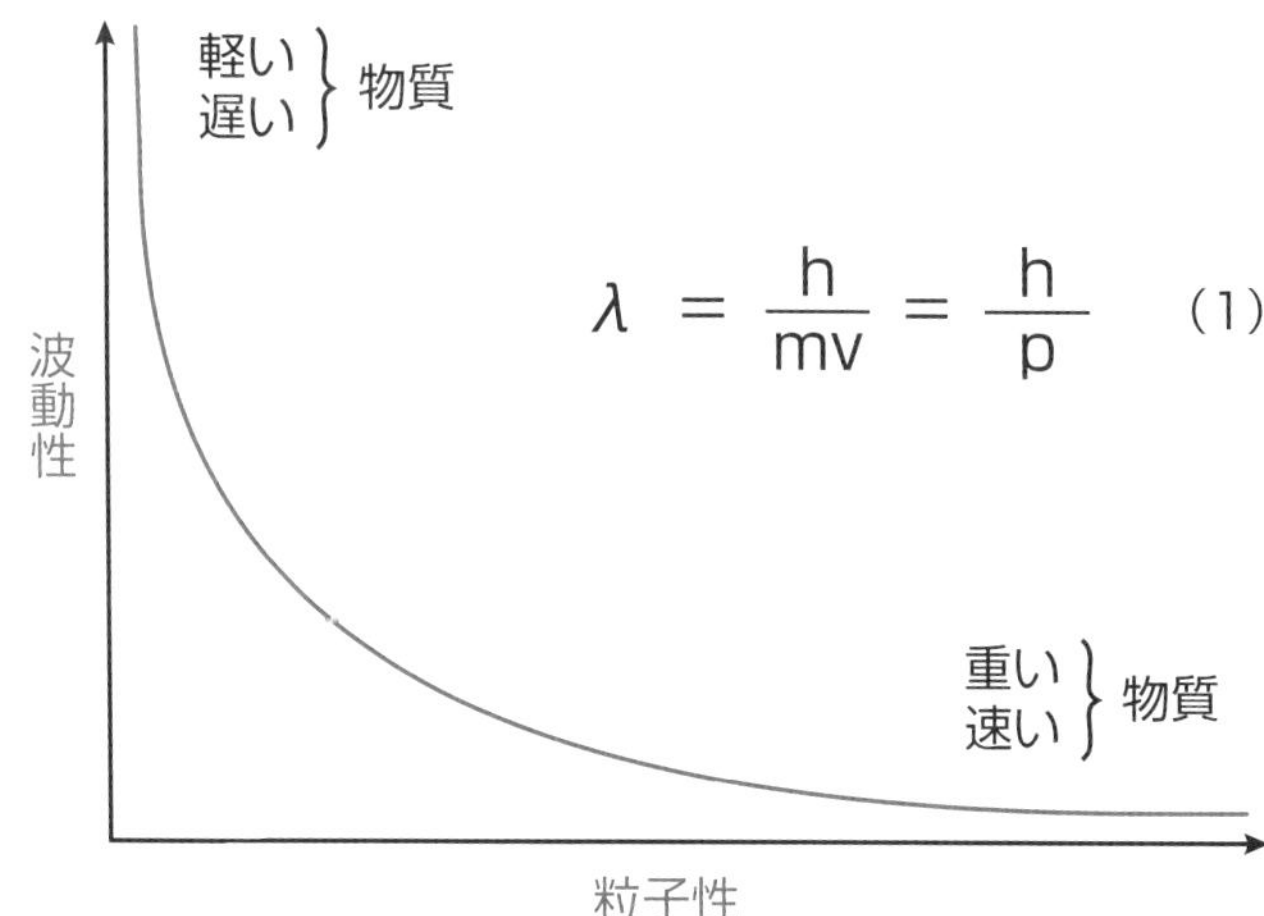

歩く人の波長は、次の式となり、あまりに短くてこの人を波として認識するには無理があります。重さ66kg(6.6×10^{-6}kg)の物体が頑張って秒速1mで飛んだとしても波長は10^{-28}mに過ぎません。やはり波とするには短すぎます。

しかし、電子位の小ささになると様子は変わります。電子の質量を10^{-30}kg、速度を秒速10^{8}mとすると波長は6.6×10^{12}mとなります。この波長レントゲン撮影に用いるX線の波長領域であり、十分に波として認識できる値です。

つまり、物体が波として扱われるには電子程度の大きさにならないと難しいということです。つまり、一般社会生活で、物質を波として認識することは無いということになります。

●体重66kg、時速3.6㎞(秒速1m)で歩く人の波長

$$\lambda = 6.6\times10^{-34}/(66\times1) = 1\times10^{-36}(\mathrm{m})$$

SECTION 05

量子とは?

量子理論というからには量子が存在するのではないかと思うのは当然です。しかし、素粒子、光子、電子、陽子、中性子、原子、分子というように「子」が着く粒子はいくつかありますが、量子という粒子は聞いたことがありません。どういうことなのでしょうか?

連続量と不連続量

科学に限らず日常生活でも色々の量を扱います。例えば長さ、重量、体積、速度、電気のワット数、エネルギーの馬力などです。お金、金額も量の一種と見ることができるでしょう。

量には連続量と不連続量があります。連続量というのはどのような量でも、好きなだけ計り取ることのできる量です。例えば水道から流れ出る水の量です。この水は０.１８５Ｌでも１７.６Ｌでも１９.９９Ｌでも、好きなだけ取ることができます。

それに対してコンビニで売っているペットボトル入りの飲料水は１Ｌ単位でしか買えません。０.８Ｌしか欲しくなくても１Ｌ買わなければなりません。１.０１Ｌだけで良くても２Ｌ買わなければなりません。このような量を不連続量と言います。

お札や貨幣等の金額も不連続量と言えるでしょう。ただしお金の場合には単位が何種類もあります。１万円の単位、千円の単位、５００円、１００円などの貨幣の単位です。これらの単位を使い分けることで、ある程度任意の量（金額）を計り取ることはできます。

量子というのは、このような不連続な量と考えれば良いでしょう。１万円札、千円札、５００円貨幣、１００円貨幣がそれぞれ量子なのです。光子も電子も原子も量子の一種と考えることができることになります。

量子数

微粒子の世界の特徴は多くの量が量子化されているということです。中でも最も重要なのは、エネルギーが量子化されているということです。例えば、自動車の速度で例を見てみましょう。一般の世界では自動車の速度は時速何㎞でも好きに出すことができます。

しかし、量子化された世界では、ある特定の速度しか出せないのです。その許容された速度を30nkm/hとしてみましょう。ここでnは0を含む整数とします。すると自動車の速度は0km/h(停止、n=0)、30km/h(n=1)、60km/h(n=2)、90km/h(n=3)などのとびとびの速度に限られることになります。このとき整数nを量子数と言います。

このように量子化された世界では、全ての量が量子数によって決定されてしまうのです。

SECTION 06

不確定性原理

量子化学で、もう1つ非常に重要な原理があります。それは量を明確に特定することができないことがあるということです。こうかも知れないし、ああかも知れないということです。このように言うと何やらあやふやで科学的でないと思われるかもしれません。しかし何%の確率でこうだろうという程度のことは言うことができます。

ハイゼンベルグの不確定性原理

この原理を発見者の名前を取ってハイゼンベルグの不確定性原理と言います。この原理は「2つの量を同時に正確に特定することはできない」と言います。

これも例えで見てみましょう。鎌倉の大仏の前で記念写真を撮ったとしましょう。大昔の解像度の甘いカメラ（ニュートンカメラと呼ぶ）で撮ると、大仏もその前に立った旅行者もソコソコのピントで撮ることができます。

ところが、解像度が鋭い超現代カメラ(量子カメラと呼ぶ)で撮ると、(焦点深度が浅いため)、旅行者にピントを合わせると旅行者のマツゲの1本1本までクッキリと映りますが、大仏がボケてしまいます。反対に大仏に焦点を合わせると旅行者がボケてしまいます。つまり、量子化された世界では、大仏と旅行者の2つの被写体を同時に正確に観察することはできないのです。

2つの量というのは、化学の場合には専ら位置とエネルギーのことを言います。例えば山手線を走る電車の位置と速度を考えてみましょう。電車の管理局に行ったら、山手線を走っている電車Aは現在、どの区間を時速何kmで走っているか、すぐにわかります。つまり、位置も速度も正確にわかります。それは、この電車が私たちの世界と同じ現実世界を走っているからです。

しかし、量子化された仮想世界では違います。軌道の上を走る電車の位置を知ろうとすると、速度はわからなくなります。速度を知ろうとすると電車の位置がわからなくなります。これが不確定性原理のいうところです。これは次章でもう一度考えて見ることにしましょう。

SECTION 07

量子コンピュータ

量子化学とは関係がありませんが、最近「量子」に関する話題でニュースによく取りあげられるものに「量子コンピュータ」があります。

これは現在のコンピュータに比べて計算速度が桁違いに速く、とくに暗号の設計、解読、人工知能の開発などに能力を発揮すると言います。まだ研究段階であり、実用的なものは完成していませんが、試作段階の物は稼働しているようです。量子コンピュータとはどのようなものなのでしょう?

状態の重ねあわせ

量子コンピュータで大切になるのは「状態の重ねあわせ」です。これは第2章の「電子雲」の項目で詳しく見るように、状態は確率で表すことしかできないということです。

思考実験をしてみましょう。蓋を閉めた後に真ん中に仕切り板を入れて内部を二分できる箱を作ります。この中に電子を1個だけ入れます。蓋を閉めて箱をよく振ってから仕切り板をはめ込みます。もし、入れたのが電子でなく、野球のボールだったら、ボールは仕切り板の右側か左側にいます。蓋を開ければ、どちらにいたかは間違いなくわかります。

ところが、電子のような小さい物の場合は事情が違います。電子は箱の中のさまざまの場所に「同時に存在」しているのです。これは場所Aにいる確率はa%、Bにいる確率はb%、というように確率でしか表すことができません。

これは電子がAにいる状態、Bにいる状態などの色々の「状態の重ねあわせた」状態にいることを意味します。

量子ビット

私たちが現在使っているコンピュータは0と1という2つの数字を使って計算します。つまり、電気信号の無い状態を0、電気信号のある状態を1とし、0と1の2進法で計算を行います。この「0または1」という情報の基本単位を「ビット」と言います。

それに対して量子コンピュータでは「量子ビット」を用います。これは、先ほどの「状態の重ねあわせ」に基づくビットであり、0と1の両方を同時に表すことができるとされます。

コインを回転させて、倒れたときの裏表を当てるとしましょう。倒れた状態のビットが「従来型コンピュータのビット」であり、表と裏の2種類しかありません。それに対して、回っている状態のビットが「量子コンピュータのビット」であり、表も裏も全ての状態が重なっていると思えばわかりやすいかもしれません。

量子コンピュータの計算結果

量子コンピュータの計算では、表と裏が重ねあわさったビットで計算するのですから、出てくる答えは1つではありません。いくつもの答えが出てきます。もちろん、正解は1個です。それでは複数個の答えの中から1個の正解を見つけるにはどうすれば良いのでしょう?

それには同じ計算を何回も行います。その結果、全ての計算を合わせて出てきた答えはA～Zまで26個あったとしましょう。しかし1回の計算で出てくる結果は26個ではありません。そのうちの5個くらいが顔を出します。すると、計算を重ねる間に何回も顔を出す答えと、たまにしか顔を見せない答えが出てきます。これを出現確率と言います。つまり、出現確率の高い答えが正解なのです。

量子コンピュータでできること

たくさんのビットが組み合わさった計算を行う時、従来型コンピュータでは一度に1通りの組み合わせしか処理できません。これでは複雑な計算を行うときには膨大な処理をおこなわなければならず、大変な時間がかかってしまいます。

しかし、量子ビットを用いた計算では複数の組み合わせを同時進行で行うことができるようになります。このため、同時に処理できる計算の数は天文学的になり、計算速度は現在のスーパーコンピュータをはるかに超えることができるものと考えられます。

量子コンピュータの得意問題は、多くの要素の組み合わせの中から最も良いものを探し出す「組み合わせ最適化問題」と言われています。そして、この問題が最も重要になるのが「人工知能ＡＩ」の研究分野です。

そのため、量子コンピュータが実用化されたら、人工知能の研究は大きく進歩するものと期待されています。

Chapter.2
原子の形と電子雲

SECTION 08

原子と分子

宇宙を構成するもののうち、有限の体積と質量を持つ物質はわずか5％に過ぎないことが明らかになっています。しかし、化学が研究対象とするのは主に物質です。したがって、この5％の物質の性質を明らかにするのが化学の使命ということができます。この物質が構成する世界を物質世界と呼ぶことにしましょう。

物質世界を構成する物質の多くは原子です。しかし、地球上に存在して、化学の研究対象となる物質に限定すると、その多くは分子からできていることがわかります。分子は何種類かの原子が何個か集まってできたものです。したがって物質の性質を調べるためには原子について知っておくことが必要になります。

ここでは、分子の性質を知るための第一歩として、原子と分子の関係および原子の性質について見ておくことにしましょう。

物質は分子でできている

ペットボトルに入った１Ｌの水を半分にすると５００mLになります。これをまた半分にすると２５０mLになります。このようにして水を分割していくと水の体積はだんだん減少し、やがて霧の一粒のように小さくなります。しかし、この一粒も更に半分にすることができます。

しかし、最後の最後には、これ以上分けることのできない究極の微粒子にたどり着きます。これを水の「分子」と言います。水の分子は、水の性質を持っているけれど、これ以上分割できない粒子ということです。すなわち、ある物質の分子というのは、「その物質の性質を持っている究極で最小の粒子」ということです。

物質の種類が無数にあるように、分子の種類も無数に

●水の分子

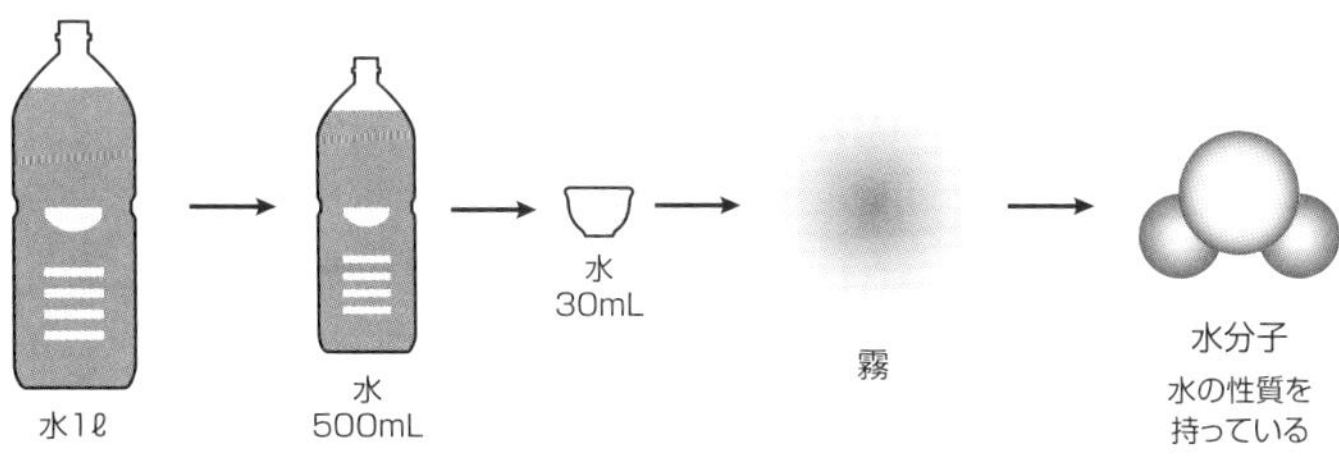

あります。当然、分子の形は色々の形があり、その性質もまたいろいろということになります。

分子は原子でできている

ところが、この分子は更に小さな粒子に分割することができるのです。このように、分子を分割してできた微粒子を「原子」と言います。ですから、物質からできた宇宙を最終的に構成しているのは、原子という極小粒子だということになります。

水分子の場合には、分割すると「水素という原子」と「酸素という原子」になります。しかし、大切なことは、このような分子を分割してできた原子には、もはや元の物質の性質、すなわち水の性質は何にもないということです。水分子は水という物質の性質を持っています。しかし、原子には水の性質は何もないのです。

物質―分子―原子の関係は、自動車で考えるとわかりやすい

●水分子の原子

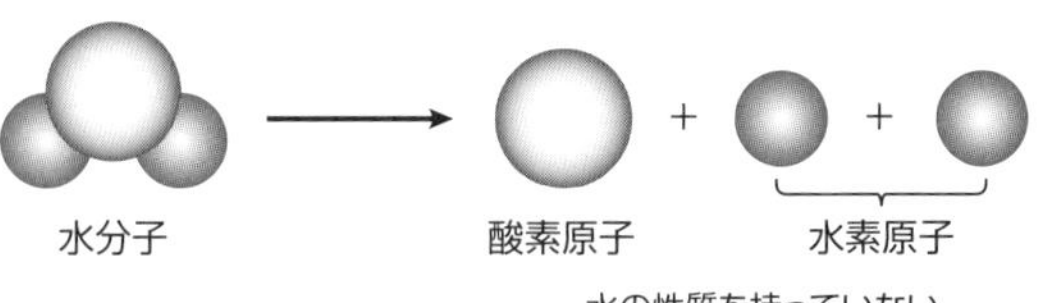

かもしれません。自動車にはいろいろの種類がありますが、ハイブリッドカーという種類を考えてみましょう。ハイブリッドカーと言われる車種の自動車は何百万台もあります。これを水と考えましょう。すると、1台1台のハイブリッドカーが水の分子ということになります。もちろん各自動車はハイブリッドカーの性能を持っています。

ところが一台のハイブリッドカーは、車体やハンドル、シートやライトなど、いろいろの部品からできています。この部品が原子に相当するのです。各部品には、もはやハイブリッドカーの性質はありません。それどころか、各部品は全く別の種類の自動車の部品として使われることさえあるのです。

あるいは組み立てて遊ぶブロックに例えても良いかもしれません。1個1個のブロックが原子です。そして、それを使って組み立てたものが分子です。ブロックを使って組み立てることのできる物（分子）の種類は無数にあります。しかし、それを組み立てるブロック（原子）の種類は数種類に過ぎません。

この関係は原子と分子の関係をよく表しています。宇宙にある物質の種類は無数にあり、それにしたがって分子の種類も無数です。ところが、それを作る原子の種類は、後に見るように、わずか90種類ほどにすぎないのです。

SECTION 09

原子を作るもの

宇宙を構成する究極の微粒子が原子でした。それでは、原子とはどんなものなのでしょうか？　残念ながら、1個の原子の形を見た人は誰もいませんし、将来も見ることはできないでしょう。

原子の形

しかし、いろいろの実験の結果を総合すると、原子の形を想像することはできます。それによると、原子は何種類かの更に小さな微粒子からできているのです。すなわち、原子全体は雲でできた球のようなものであると考えられます。雲のように見えるのは電子雲と呼ばれるもので、複数個の電子（記号e）という微粒子からできています。電子の質量は無視できるほど小さいのですが、電気的には負に帯電しており、1個の電子は－1の電荷を持っています。したがって、Z個の電子からできた電子雲の電荷は－Nということになります。

原子核

電子雲の内部、すなわち原子の中心には、原子核と呼ばれる1個の微粒子が存在します。そして原子核はまた、2種類の微粒子、陽子（記号p）と中性子（記号n）からできているのです。陽子と中性子の質量は同じであり、それは質量数という単位で計ると両者とも1です。

しかし、両者は電気的には大きく異なっており、中性子は電気的に中性ですが、陽子は正に帯電しており、1個の陽子は＋1の電荷を持っています。原子核を構成する陽子の個数を、その原子の原子番号（記号Z）と言います。したがって原子番号Zの原子核の電荷は＋Nとい

●電子雲の内部

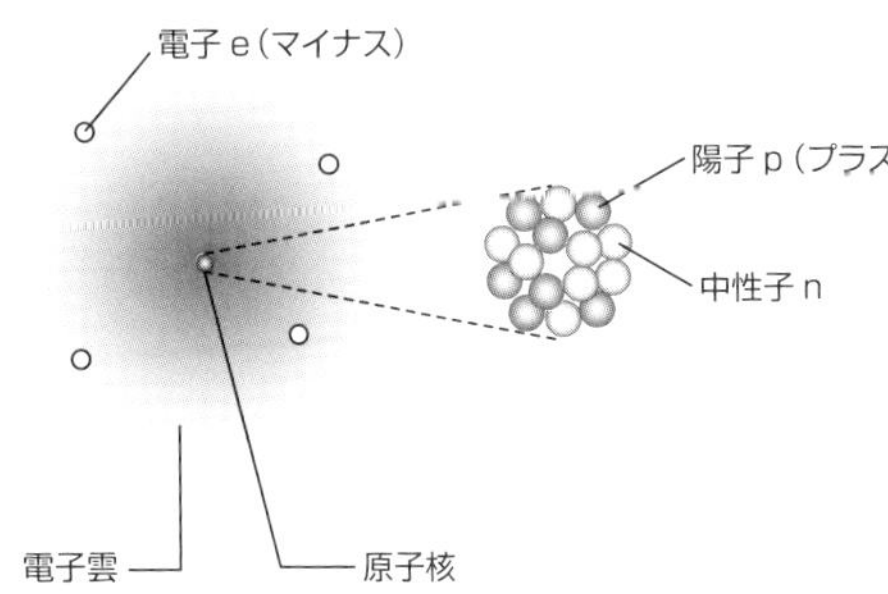

うことになります。そして全ての原子は、その原子核を構成する陽子の個数（Z）と同じ個数（Z）の電子を持っています。したがって原子では、原子核の電荷＋Nと電子雲の電荷－Nが釣り合い、全体として電気的に中性となっているのです。

原子の大きさ

原子は非常に小さいのですが、これを拡大してピンポン玉の大きさにしたとしましょう。この時、ピンポン玉を同じ拡大率で拡大すると地球ほどの大きさになります。原子核は非常に小さくて、その直系は原子の直系の1万分の1ほどです。原子核の直系を1㎝とすると原子の直系は1万㎝、すなわち100ｍになります。これは東京ドームを2個貼り合わせた巨大ドラヤキを原子とすると、原子核はピッチャーマウンドに転がるビー玉のようなものということを意味します。

●原子の大きさ

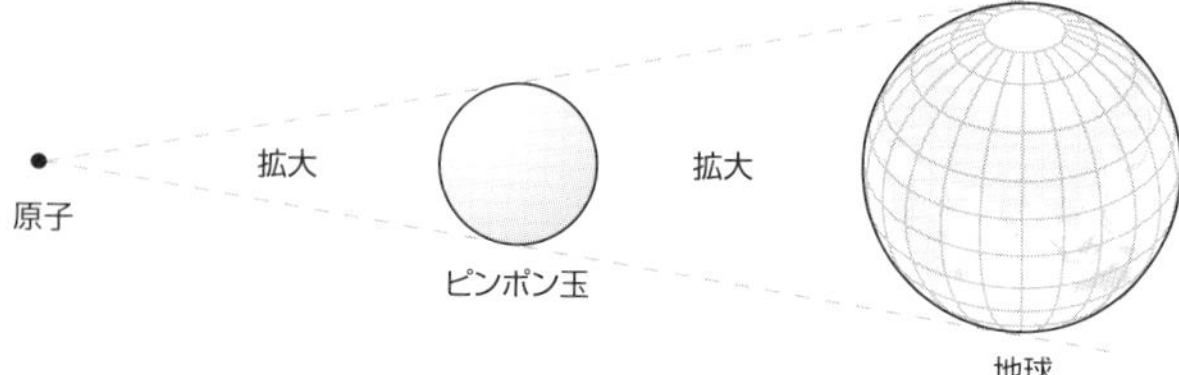

原子の重さ

原子は非常に小さくて軽い物質ですが、それでもちゃんと重さ（質量）があります。しかし、原子1個の重さは測定不可能なほど小さいので、相対的な量で表すことになっています。これを原子量と言います。原子量は簡単にいうと、原子を構成する陽子の個数と中性子の個数の和です。

原子は3種の粒子、電子、陽子、中性子からできています。陽子1個と中性子1個の重さはほぼ等しいので、それぞれを「質量数＝1」と定義します。ところが電子は非常に軽いので、重さは無視することにします。このように定義すると、原子全体の質量数は、原子を構成する陽子の個数と中性子の個数の和、ということになります。

正確に言うと、質量数と原子量は異なるものですが、本書で扱う程度では両者はほとんど等しいと考えて問題ありません。表に主な原子の質量数（原子量）を示しました。

●原子の質量数（原子量）

原子	H	He	C	N	O	Na	Cl	Fe	Au
原子量	1	4	12	14	16	23	35.5	56	197

電子と電子雲

原子は原子核とそれを取り巻く電子からなる電子雲からできていることを見ました。電子は1個、2個と数えることのできる粒子の性質を持っています。原子には原子番号があり、原子は原子番号に等しい個数の電子を持ちます。ということは、原子番号1の水素原子は、ただ1個の電子しか持っていないことになります。

電子が雲になる?

空に浮かぶ雲は水滴です。しかし水滴の個数は1個や2個ではありません。無数と言えばいいのか、無限大とでも言えばいいのか、とにかく膨大な個数の水滴が集まっているから雲に見えるのです。

ところが電子はどうでしょう? 水素原子の電子はたった1個しかありません。それにもかかわらず、水素原子の電子も電子雲なのです。なぜたった1個の電子が雲になることができるのでしょう?

それが第1章で見たハイゼンベルグの不確定性原理のおかげなのです。後に見るように、原子に配属している電子は各々固有のエネルギーを持っています。つまり、ハイゼンベルグの原理が言う「2つの量」のうち、1個のエネルギーは確定しているのです。その結果、電子の位置はわからなくなっているのです。

電子雲の雲は「位置が雲のようにわからない」ことを表しています。電子雲の意味は次のように考えるとわかるでしょう。原子の写真を、原子核を中心にして何万枚も撮ります。すると、電子はその都度適当な所に写るでしょう。この

●電子雲の意味

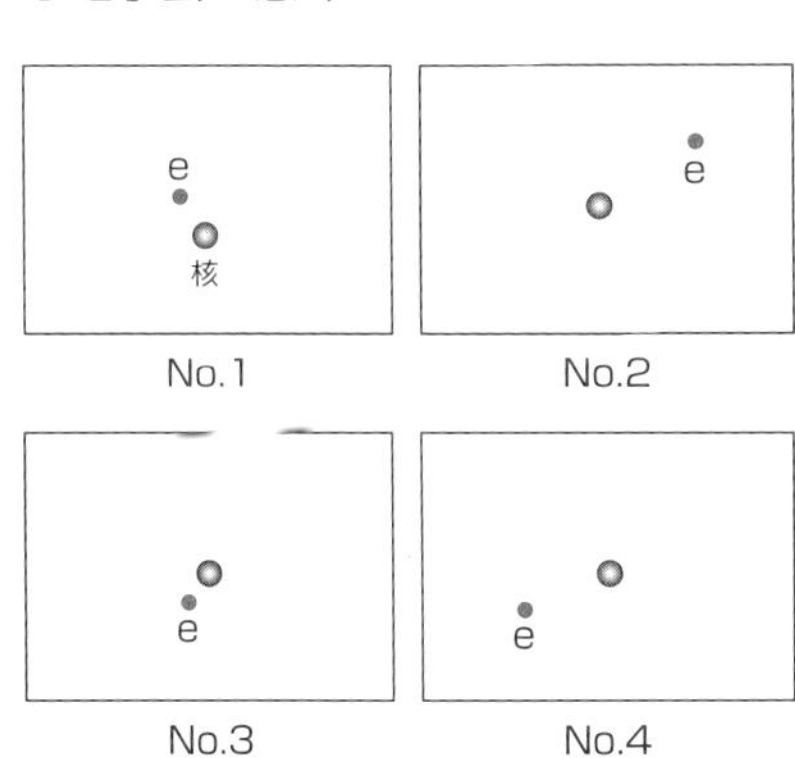

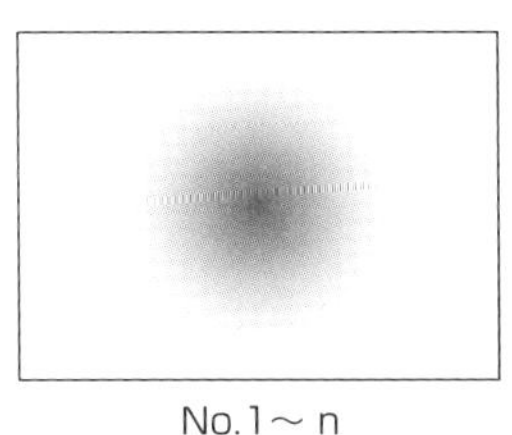

原子の写真を、原子核を中心にして何万枚も撮影し、1枚に重ね焼きする

何万枚もの写真を1枚に重ね焼きします。

存在確率

すると電子を表す何万個もの点が適当に散らばります。それが電子のいた地点になるのです。何回も居た地点は点が集まって黒くなり、あまり居なかった地点は白いでしょう。そして、その様子は丁度雲のようになります。これが電子雲の図なのです。

つまり、電子雲の色の濃さは、電子が存在した確立を表すのです。これを電子の「存在確率」と言います。存在確率には極大値があります。その極大値を与える距離r_0を後に見る軌道半径と言います。

デジタルかアナログか?

「世界はデジタルなのかアナログなのか?」などということで友人とディスカッションしたことはないでしょうか? お酒を汲みながらの話の種としては中々面白いと思

いますが、私のような昔人間からしたら、世界はなんとしてもアナログであってほしいと思います。実は物質世界は繰り返し述べたように原子という点からできています。これではデジタル派に軍配が上がるのでしょう。

しかし、存在確率のグラフを見てください。原子の電子雲はどこまで広がっているのでしょう？　範囲はハッキリしていません。いつか虚空の中に消えていってるのです。これは原子がアナログ的な存在であることを示しているのではないでしょうか？

アナログ的な点でできた世界はデジタルなのでしょうか？それともアナログなのでしょうか？　ということで、結局は各人の感性によるという、当たり障りのない所に落ち着くようです。

原子の種類

宇宙に存在する物質の種類は無限と言ってよいほど多く、分子の種類も同様にたくさんあります。ところが原子の種類は限られています。地球上の自然界に存在するのはわずか90種類ほどに過ぎないことが知られています。現在の科学力を使えば、地球上の自然界に存在しない新しい原子を作ることも可能です。

原子の種類

このようにして作った原子を加えても、現在知られている原子の全種類は118種類に過ぎません。しかも、人間が作り出した原子は大変に不安定であり、多くは1秒の千分の1程度という短い寿命しか持ちません。その時間が過ぎると分解して、普通の原子や中性子などになってしまいます。

各原子には固有の名前と、固有の記号が付けられています。この記号を元素記号と言います。元素記号は原子の種類、すなわち90種類ほどが存在することになります。

皆さんが本書を読むのに必要な原子は、ほんの数種類に過ぎません。水素H、炭素C、窒素N、酸素O、ナトリウムNa、塩素Clくらいのものです。それ以外の原子もたまに顔を出しますが、その時には、またご説明しましょう。本書のためにこれ以外の元素記号を覚える必要などまったくありません。気楽に読み進んでください。

しかし、元素記号がどのようにして決められたのかを見ておくのも面白いかもしれません。昔から知られていた原子の元素記号はその名前の頭文字から取ったものが多いです。H（hydrogen：英語）、C（carbon：英語）、N（nitrogen：英語）、O（oxygen：英語）、Na（natrium：独語）、Cl（chlorine：英語）などです。

しかし、虹の女神イロスからとったイリジウムIrのように神話の神にちなんだもの、アインスタイニウムEsのように有名な科学者の名前からとったもの、アメリシウムAmのように発見された地名や国名からとったものなどもあります。つい最近名前の決まった113番元素は日本の理化学研究所で作られました。名前はニホニウム、元素記号はNhとなりました。日本に関係した名前の付いた、たった1個の元素です。

周期表

原子を原子番号の順に並べ、適当なところで折り曲げた表を周期表と言います。周期表の上部には1～18の数字が振ってありますが、これを族番号と言います。そして、1の下に並ぶ元素は1族元素、10の下に並ぶ元素は10族元素などと、族番号で呼ばれます。

族と周期

また、周期表の左端には縦に1～7の数字がありますが、これを周期番号と言います。1の右に並ぶ元素は第1周期の元素、5の右に並ぶ元素は第5周期の元素などと呼ばれます。族には第を付けずに1族、2族と呼びます。周期には第を付けて第1周期、第2周期などと呼びますが、これは規則でそうなっているだけで、大した意味はありません。

周期表はカレンダーに例えるとわかりやすいのではないでしょうか。すると周期表の族はカレンダーの曜日に相当することになります。つまり、1族元素は全て似た性質を持ち、15族元素もまた全て似たような性質を持つのです。

ランタノイドとアクチノイド

周期表の下にはランタノイド、アクチノイドと書いた付録のような表が付いています。これは付録ではありません。周期表本体の一部なのです。周期表本体の3族の第6、第7周期を見てください。ランタノイド(Ln)、アクチノイド(An)と書いてあります。

●周期表

	1	2	3	4	5	6	7	8	9	10	11	12	13	14	15	16	17	18
1	H																	He
2	Li	Be											B	C	N	O	F	Ne
3	Na	Mg											Al	Si	P	S	Cl	Ar
4	K	Ca	Sc	Ti	V	Cr	Mn	Fe	Co	Ni	Cu	Zn	Ga	Ge	As	Se	Br	Kr
5	Rb	Sr	Y	Zr	Nb	Mo	Tc	Ru	Rh	Pd	Ag	Cd	In	Sn	Sb	Te	I	Xe
6	Cs	Ba	Ln	Hf	Ta	W	Re	Os	Ir	Pt	Au	Hg	Tl	Pb	Bi	Po	At	Rn
7	Fr	Ra	An	Rf	Db	Sg	Bh	Hs	Mt	Ds	Rg	Cn	Nh	Fl	Mc	Lv	Ts	Og

ランタノイド(Ln)	La	Ce	Pr	Nd	Pm	Sm	Eu	Gd	Tb	Dy	Ho	Er	Tm	Yb	Lu
アクチノイド(An)	Ac	Th	Pa	U	Np	Pu	Am	Cm	Bk	Cf	Es	Fm	Md	No	Lr

下の表に分かれて書いてあるランタノイド、アクチノイド、それぞれ15個ずつの元素は本来は周期表本体のこの桝に収納されるべき元素群なのです。しかもこれらの元素群は他の元素と比べて何の遜色も無い元素ですから、それぞれが独立した一桝を要求する権利があります。しかしそんなことをしたら、族の数は18＋15＝33となり、周期表の横幅は、とても細長い物になり、普通の本では書ききれません。ということで、付録のような書き方に落ち着いたのです。

ちなみにランタノイド元素は全てがレアメタルの一種のレアアースで現代科学に欠かせない元素であり、アクチノイド元素は放射性元素の宝庫であり、将来有望な元素達です。

Chapter.3
電子殻の半径とエネルギー

電子殻

原子は中心にある小さな粒子である原子核と、それを取り巻く雲のような電子雲からできています。しかし、電子雲を構成する電子は、原子核の周りに単に群れ集まっているわけではありません。電子には定められた集合場所があるのです。それを電子殻と言います。

電子は電子殻に入る

原子を構成する電子には、居場所があります。これを電子殻と呼びます。電子殻は原子核の周りを囲む球殻状の容器です。電子殻は何層にも分かれていて、原子核に近いものから順にK殻、L殻、M殻、N殻…などと、アルファベットのKから始まる名前が付いています。

なぜアルファベットの最初のAから始めないで中途半端なKから始めたのか、それには科学者の奥ゆかしい考えがあったとのことです。すなわち、電子殻の存在が推定され、電子殻探しが始まったときに、最初に発見されたのがK殻だったのです。

ところが、当の発見者は、その電子殻が最も内側のものであるとの確証が得られなかったと言います。そこで、「これにもしA殻と名付けた後で、もっと内側の電子殻が発見されたら、その電子殻の名前に困るだろう」と考えて、アルファベットの最初の方の10個を残して11番目に当たるKを用いてK殻としたというのです。

電子殻の定員

電子は好きな電子殻に入って良いというわけではありません。それぞれの電子殻には定員があります。一番内側で一番小さいK殻の定員は2個であり、それ以上の電子は入ることができません。次に小さいL殻は8個、M殻は16個、N殻は32個です。

ところで、この定員数には規則性があることに気づきませんか？ それはnを整数とすると、定員数は$2n^2$個となっているのです。nはK殻＝1（定員数＝2×1^2＝2）、L

殻＝2（定員数＝2×2^2＝8）、M殻＝3、N殻＝4…の順に増えています。このnを量子数というのは第1章で見た通りです。

量子数は原子や分子の構造や性質を決定する重要な数字です。現代化学では原子、分子の構造、性質、反応性など、全ての事柄が量子数によって決定されます。それが、現代化学の基礎を支える理論化学が「量子化学」と言われる所以にもなっているのです。

●電子殻と定員数

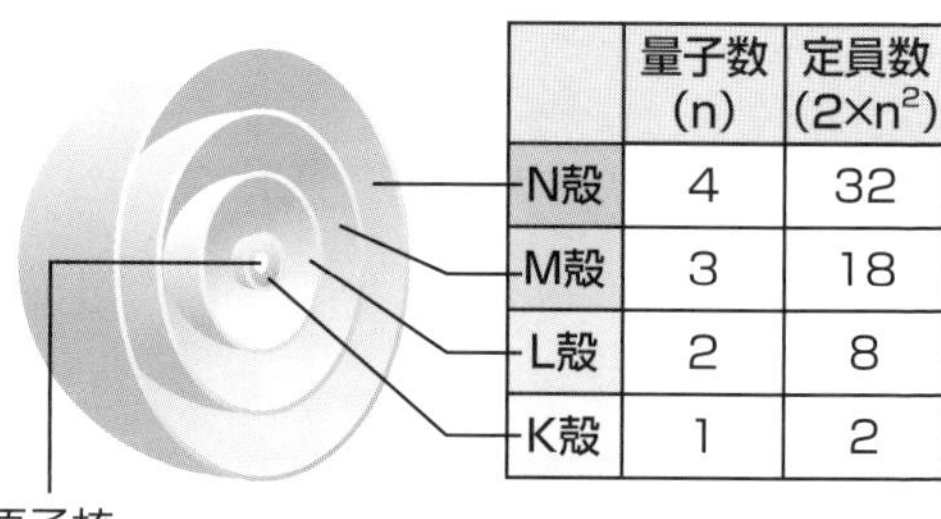

	量子数（n）	定員数（$2 \times n^2$）
N殻	4	32
M殻	3	18
L殻	2	8
K殻	1	2

電子殻の直径

電子殻の大きさは量子数nの二乗、つまりn^2に比例することが知られています。K殻の半径をrとすると、L殻は$2^2r=4r$、M殻は$3^2r=9r$と級数的に大きくなっていくのです。

電子殻のエネルギー

電子殻はまた、固有のエネルギーを持っています。エネルギーの絶対値もn^2に比例します。しかしここで注意してもらいたいのは、原子、分子ではエネルギーはマイナスに計るということです。この場合、エネルギーの基準値つまりE＝0は原子に属さない電子、自由電子の位置エネルギーです。

原子に属した電子は、プラスに荷電した原子核との間に静電引力が発生し、その分だけ安定化します。静電引力は電荷間の距離の二乗に比例しますから、原子核に最も近いK殻のエネルギーが最も大きい、つまり最もマイナスに深いことになります。そして量子数が大きくなるに連れて軌道半径が大きくなるので原子核から離れ、静電引力も小さく(マイナスに浅く)なる。つまりE＝0に近づいていくのです。

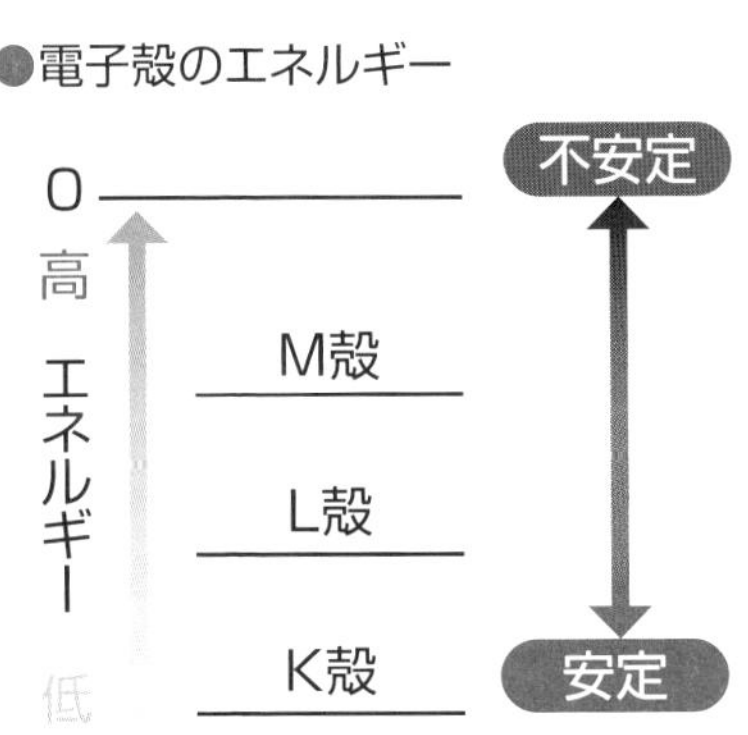

電子殻の規則

原子を構成する電子は電子殻に入ります。しかし、どの電子殻でも、好きな電子殻に入って良いというわけではありません。入り方には規則があります。マンションの入室規則のようなものです。

電子殻に入る規則

全ての電子はこの規則に従わなければなりません。それは次のようなものです。

❶ 内側（エネルギーの低い）電子殻から順に入っていくこと

❷ 定員を守ること

電子配置の実際

したがって、原子番号Z＝1で、1個の電子しか持たない水素Hの場合、電子は規則❶に従ってK殻に入ります。Z＝2のヘリウムHeの電子も❶と❷に従ってK殻に入ります。

これでK殻は満員です。このように電子殻の定員一杯まで入った構造を特に閉殻構造と言い、特別の安定性があることが知られています。それに対して水素のように閉殻構造でない構造は開殻構造と呼ばれます。

Z＝3のリチウムLiからは、増えた電子はL殻に入っていきます。そしてZ＝10のネオンNeでL殻が満員となり、また閉殻構造となって安定化します。

このように、電子がどの電子殻に入っているかを表したものを一般に電子配置と言います。電子配置は原子の性質、反応性、あるいは分子を作る際の作り方などを決定するもので、非常に重要です。

電子配置と周期表

電子配置は非常に重要なもので、原子の性質を支配します。したがって、周期表にも大きな影響を与えます。

最外殻電子と価電子

リチウムからネオンまでの原子では、電子が入っている電子殻がK殻とL殻の2層になっています。この時、外側の電子殻(L殻)を最外殻、内側の電子殻(K殻)を内殻と言い、最外殻に入っている電子を最外殻電子と言い

●電子配置の表

原子	H							He
構造模型	(K殻)							
K殻	1							2
価電子	1							0

原子	Li	Be	B	C	N	O	F	Ne
構造模型	(L殻)							(最外殻・内殻)
K殻	2	2	2	2	2	2	2	2
L殻	1	2	3	4	5	6	7	8
価電子	1	2	3	4	5	6	7	0

ます。最外殻電子は価電子と呼ばれることもあります。次章で見るように、最外殻電子は結合を作る際に重要な働きをする電子です。

周期表は電子配置の反映

ところで、電子配置の表と第2章で見た周期表を見比べると、似ていることに気付くのではないでしょうか? 電子配置の図の上段には両端にHとHeがあります。これは周期表の第1周期、そして下段にはLiからNeまでの8個の原子が並んでいます。すなわち、周期表は電子配置を忠実に表した表ということができるのです。つまり、周期表の周期番号はその周期に属する原子の最外殻の量子数を表しているのです。

第1周期の原子H、Heでは電子はK殻(n=1)だけに入っています。第2周期のLi~Neでは電子はK殻とL殻に入り、最外殻がL殻(n=2)となっているのです。

価電子数と族番号

また、同じ族に属する原子は最外殻電子(価電子)数が同じになっています。1族原子の価電子は全ての原子で1個です。同様に17族原子では、全ての原子が7個の価電子を持っているのです。同じ族に属する原子が似た性質を持つというのは、価電子の個数が同じことが原因となっているのです。

価電子は原子の上着

私たちはふだん服を着ています。内側に下着を着て、外側に上着を着ます。他の人を見た場合に見えるのは上着です。私たちは上着の色や形によって他の人を識別します。原子の場合、電子殻に入っている電子が洋服に相当するのです。もちろん、内殻の電子は下着です。最外殻の電子が上着になります。したがって、最外殻の電子(数)が等しい原子は似たように見えるのです。価電子の個数によって原子の性質が影響されるのは、このような事情によるのです。

SECTION 16

電子軌道

研究の結果、電子殻は更に（電子）軌道に分かれていることがわかりました。軌道にはs軌道、p軌道、d軌道などいろいろの種類があります。s軌道は1個ですが、p軌道は3個セット、d軌道は5個セットになっています。

電子殻と軌道

電子殻によって持っている軌道の種類と個数が異なります。K殻はs軌道だけしか持っていませんが、L殻はs軌道とp軌道を持っています。しかし、p軌道は3個セットですから、L殻は全部で4個の軌道を持っていることになります。M殻はs、p、dの3種類の軌道を持つので合計9個の軌道を持つことになります。

s軌道はK殻、L殻、M殻全てに存在しますが、それぞれのs軌道は微妙に異なります。そこで区別するために電子殻の量子数を着けて1s軌道(K殻)、2s軌道(M殻)などとして区別します。p軌道に関しても同様に2p軌道(L殻)、3p軌道(M殻)などとします。

1個の軌道に入ることのできる電子は2個までに限られています。この結果、K殻の定員は2個、L殻は8個、M殻は18個と、先に見た電子殻の定員の通りになっています。

軌道のエネルギー

軌道のエネルギーはs軌道が最も低く、p、d軌道となるにつれて高エネルギーと

●電子殻と軌道

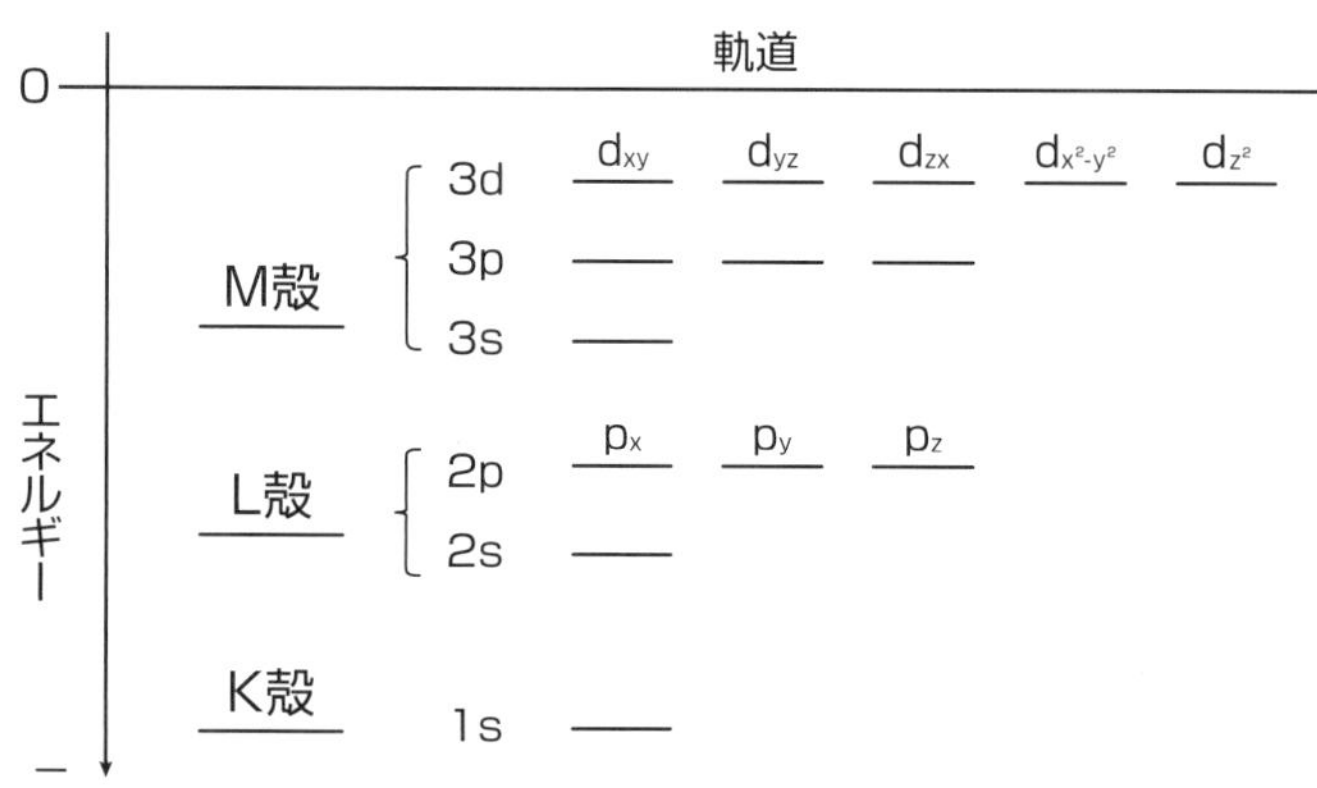

なります。p軌道、d軌道などセットになっている軌道のエネルギーは等しいです。このように同じエネルギーの軌道を縮重軌道と呼びます。

また、基本的に電子殻エネルギーの高低は残りますから、軌道のエネルギーは下の順になりますが、3d軌道よりも高エネルギー軌道になると順序が乱れてきます。

軌道の形

軌道はそれぞれ独特の形をしています。s軌道はお団子型、p軌道はみたらし団子型などです。この形が後に結合を考えるうえで重要な役割を果たすことになります。

❶ s軌道

s軌道は丸いお団子のような形です。中は電子雲で詰まっています。

●軌道のエネルギー

1s ＜ 2s ＜ 2p ＜ 3s ＜ 3p ＜ 3d

❷ p軌道

p軌道は2個のお団子を串に刺したみたらし団子のような形です。串が直交座標のx軸、y軸、z軸どの方向を向くかによって、p_x、p_y、p_zの3種類があります。この3個の軌道は方向が違うだけで、形、エネルギーは全く同等です。

❸ d軌道

d軌道は少し複雑です。四葉のクローバーを立体にしたような形の4個と、ボーリングのピンが鉢巻をしたような形の1個、合計5個です。d_{xy}は電子雲がxy平面に乗っています。d_{yz}、d_{zx}も同様です。

それに対して$d_{x^2-y^2}$の電子雲はx軸とy軸上にあります。そしてd_{z^2}はz軸上に電子雲があります。これら5個の軌道のエネルギーは全て同等です。

●軌道の形

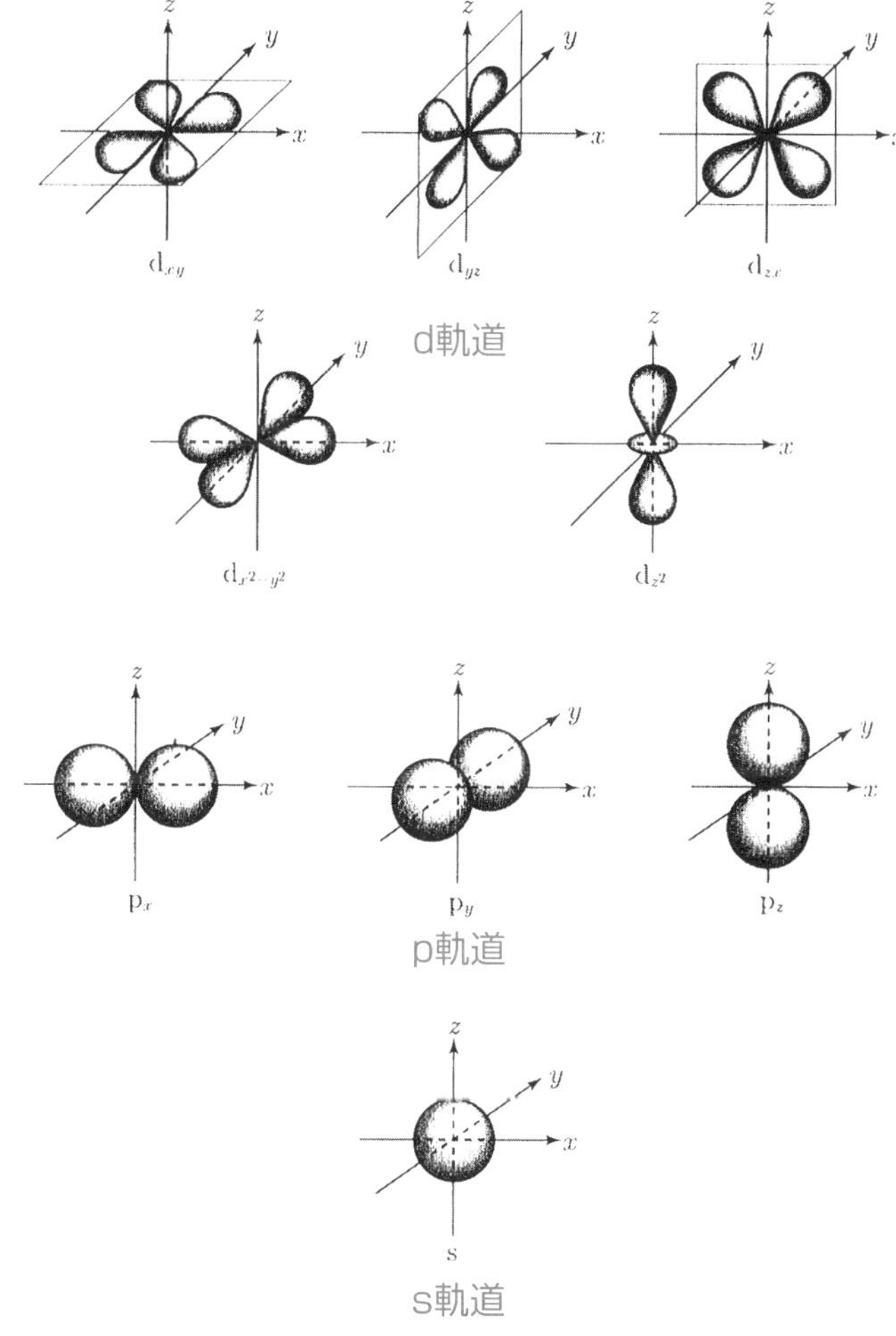

SECTION 17 電子配置

電子配置は先に見たものです。しかし、先の例では電子の入る場所は電子殻しかありませんでした。しかし今では、電子殻は更に小分けした電子軌道に入ることができます。これは大勢で大部屋に入っていた電子が個室を与えられたようなものです。

さて、この場合、電子はどの個室(軌道)にどのように入っていくのか、更に進んだ電子配置を見てみましょう。

電子配置の約束

電子が軌道に入るときの約束は、先に見たものよりは少々細かくなり、次のようになります。

❶エネルギーの低い軌道から順に入っていく
❷1個の軌道に2個の電子が入るときにはスピンを逆にする
❸1個の軌道には2個以上の電子は入れない
❹軌道エネルギーの和が等しいときには電子の向きが揃った方が安定

それでは実際の例を見ていきましょう。その前に❷のスピンについて見ておきましょう。スピンというのは電子の自転のことです。電子は自転(スピン)しています。その自転方向は右回りと左回りの2通りがありますが、化学ではその回転方向を上下向きの矢印で表します。

電子配置の実際

原子番号に順に、電子を1個ずつ増やしながら見ていきましょう。

●電子のスピン

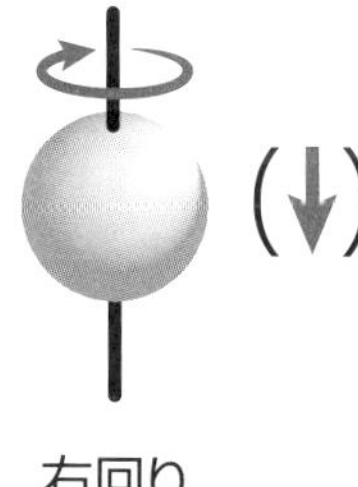

右回り

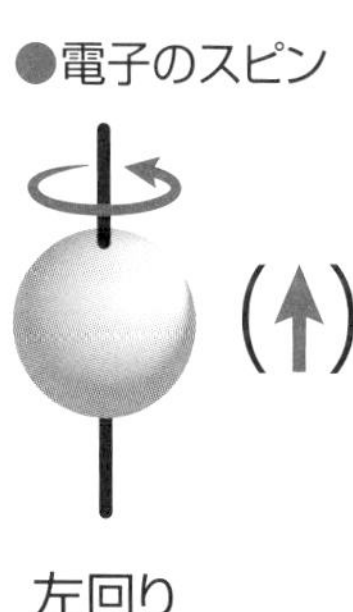

左回り

・H……1個の電子は❶に従って最低エネルギー軌道の1s軌道に入ります。このように、1個の軌道に1個だけ入っている電子を特に不対電子と呼びます。

・He……2個目の電子は❶にしたがって1s軌道に入りますが、❷にしたがってスピン方向を逆にします。このように、1個の軌道に2個で入っている電子を電子対と呼びます。

・Li……3個目の電子は❸にしたがって高エネルギーの2s軌道に入ります。

・Be……4個目の電子も2s軌道にスピ

●電子配置

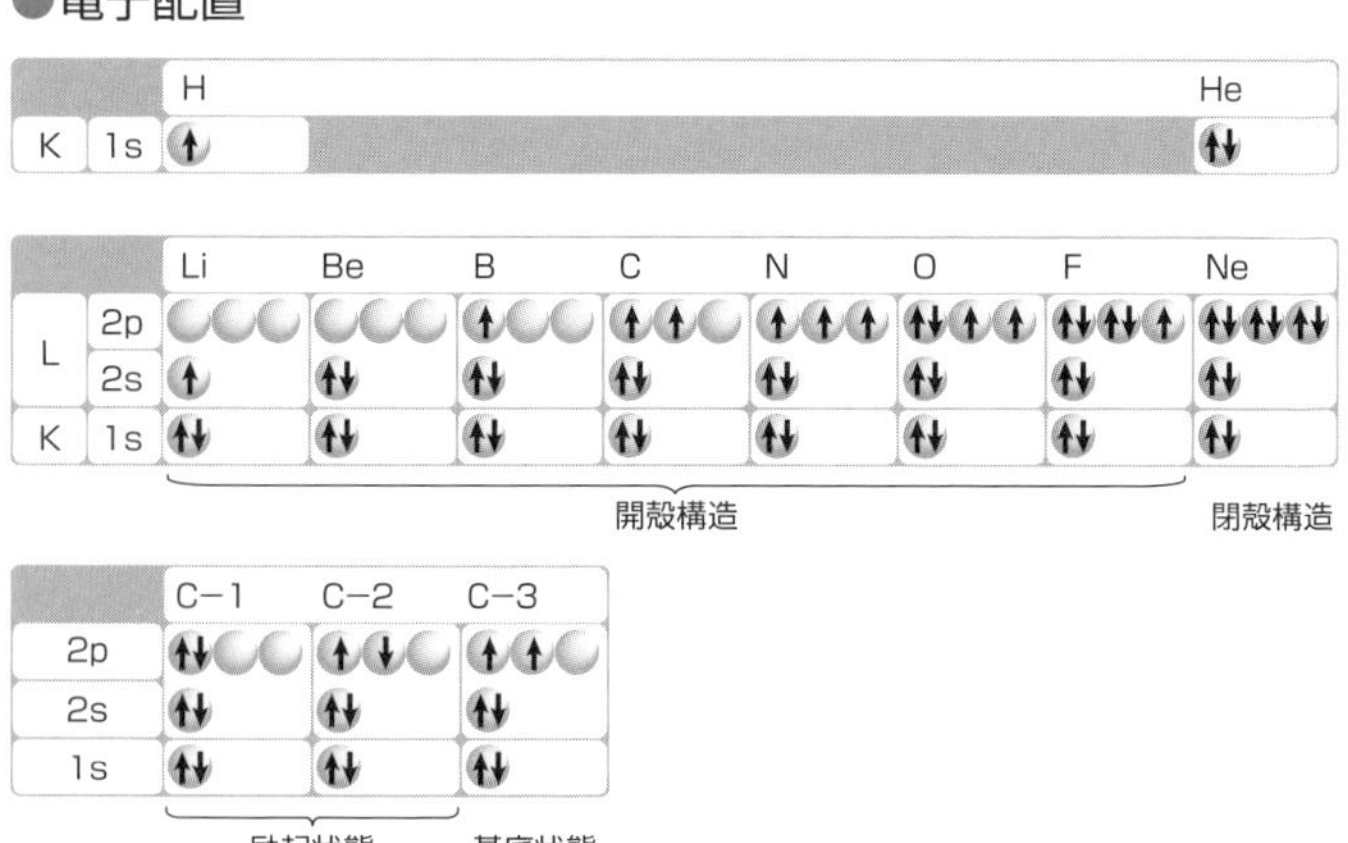

ンを逆にして入ります。

- B……5個目の電子は2p軌道に入ります。
- C……6個目の電子も2p軌道に入りますが、2p軌道にはエネルギーの等しい軌道が3個あります。この結果C－1、C－2、C－3の3種類の電子配置が可能になります。この3種は軌道エネルギーの和は全て等しいので、❹に従ってC－3が最安定ということになります。したがって、Cは2個の不対電子をもつことになります。安定なC－3状態を基底（きてい）状態、不安定なC－1、C－2状態を励起（れいき）状態と言います。電子配置は基底状態のものを書きます。
- N……7個目の電子は空いているp軌道に入ります。
- O……8個目の電子はp軌道に電子対を作って入ります。
- F……9個目の電子がp軌道に入ります。
- Ne……3個のp軌道が満員になります。

電子配置の意味

電子配置は原子の性質、結合あるいは反応性に大きな影響与えます。電子配置にどのような情報があるのか見てみましょう。

不対電子と電子対電子

1個の軌道に1個だけ入った電子を不対電子と言います。Hの電子がその例です。LiやB、Fも1個ずつ持っています。それに対してCとOは2個ずつ、Nは3個も持っています。不対電子の個数は後に見る共有結合に大きな影響を与えます。

それに対して1個の軌道に2個で入った電子を電子対(電子)と言います。

●不対電子と電子対

不対電子

電子対

閉殻構造と開殻構造

Heでは K 殻が満員になっています。Neでは K 殻と L 殻が満員です。このように電子殻に定員一杯の電子が入った電子配置を閉殻構造と言います。

閉殻構造は独特の安定性を持っており、変化するのを嫌う性質があります。HeやNeなどの希ガス元素が反応性に乏しいのは、この閉殻構造のせいです。それに対して閉殻でない構造を開殻構造と言います。

最外殻と最外殻電子

電子が入っている電子殻のうち、最も外側、すなわち最も高エネルギーの電子殻を最外殻と言い、それ以外の電子殻を内殻と言います。Li〜Neでは L 殻が

●最外殻と最外殻電子

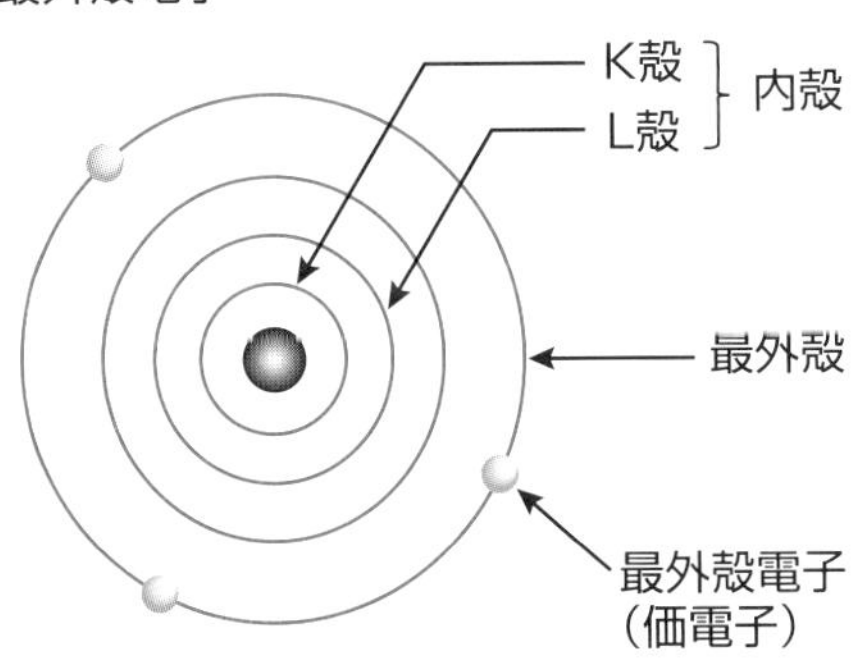

最外殻、K殻が内殻ということになります。

最外殻に入っている電子を最外殻電子と言います。後に見るように、最外殻電子は原子がイオンになるとき、その電価数に影響するので価電子とも言われます。Liは価電子が1個、Cは4個、Fは7個です。

非共有電子対

電子対のうち、最外殻にあるもの、すなわち価電子の作る電子対を特に非共有電子対と言います。

●非共有電子対

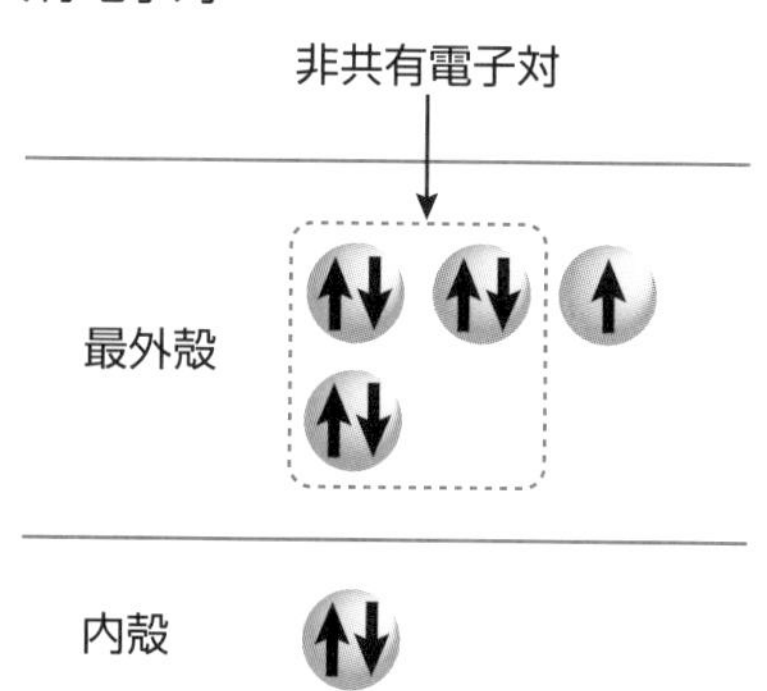

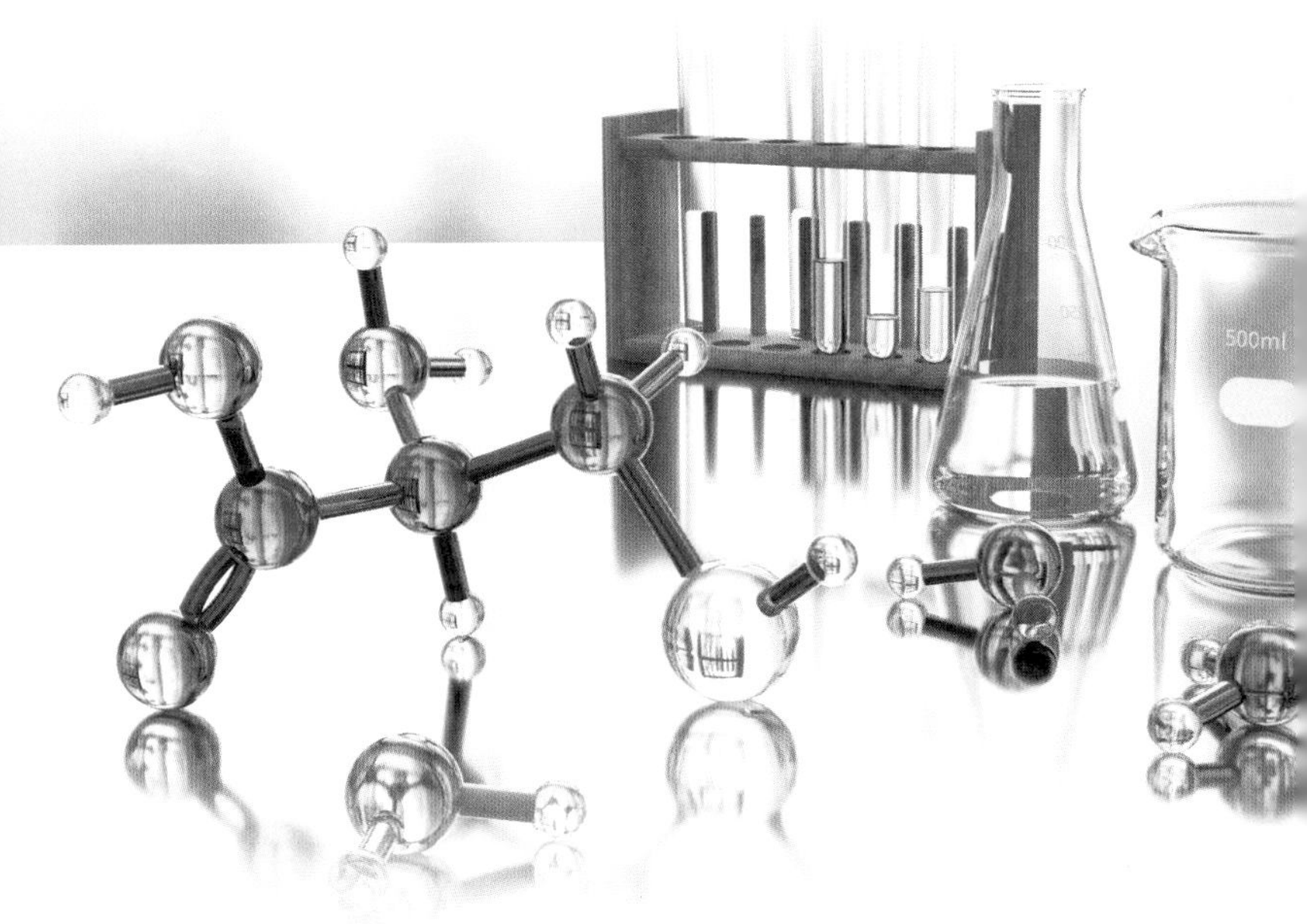

Chapter.4
ネオンサインと水銀灯

光とは?

昼の空に太陽は煌々と輝き、夜ともなれば家では蛍光灯が白い光を放ち、街ではネオンサインが赤い光を放ちます。光とは何でしょう? 蛍光灯やネオンサインはどのようにして光を放つのでしょう? 実は蛍光灯は水銀原子、ネオンサインではネオン原子が光を放っているのです。原子がなぜ光を放つことができるのでしょう?

ここまでに見てきた原子の構造を基にして考えてみましょう。

光は電磁波

第1章で見たように、光は光子という粒子の集まりです。光子は粒子の性質として、1個、2個と数えることができるものです。それと同時に波動として波の性質も持っています。

太陽から来る光は、青い水銀灯や赤いネオンサインの光と違って色が無いので一般に白色光と呼ばれます。しかし、この白色光をプリズムに通すと、いわゆる虹の七色と呼ばれる7色の光に分離されます。そしてこの七色を混ぜると、また元の白色光に戻ります。

光は一般に電波と言われる電磁波の一種です。したがって波の特質である振動数ν（ニュー）と波長λ（ラムダ）を持っています。光の振動数と波長の積は光速cになります（式❶）。電磁波はエネルギーEを持っており、それは式❷に示すように振動数に比例し、波長に反比例します。

●光の振動数と波長の積

❶ $c = \nu\lambda$

❷ $E = h\nu = ch/\lambda$

電磁波の種類

次の図は電磁波を波長によって分類したものです。人間の目というセンサーで感知できる電磁波は波長が400～800㎚のものに限られており、そのため、この電磁波を可視光線と言います。可視光線をプリズムで分光すると赤橙黄緑青藍紫という七色の光に分かれます。この並び順は波長の順になっており、赤が最も長波長、紫が最も短波長となっています。

光のエネルギーは、波長に反比例するので、赤が最も低エネルギー、紫が最も高エネルギーとなっています。紫より更に短波長の光を紫外線、さらに短波長のものをX（エックス）線、あるいは、γ（ガンマ）線と呼びます。X線やγ線は高エネルギーなので浴びると、場合によっては、命を落とすようなことになります。

一方、赤より長波長の電磁波は赤外線と呼ばれます。赤外線は眼で見ることはできませんが、人間は皮膚で熱として感じるので熱線と呼ばれることもあります。それより更に波長の長い電磁波は電波と呼ばれます。

●電磁波の種類

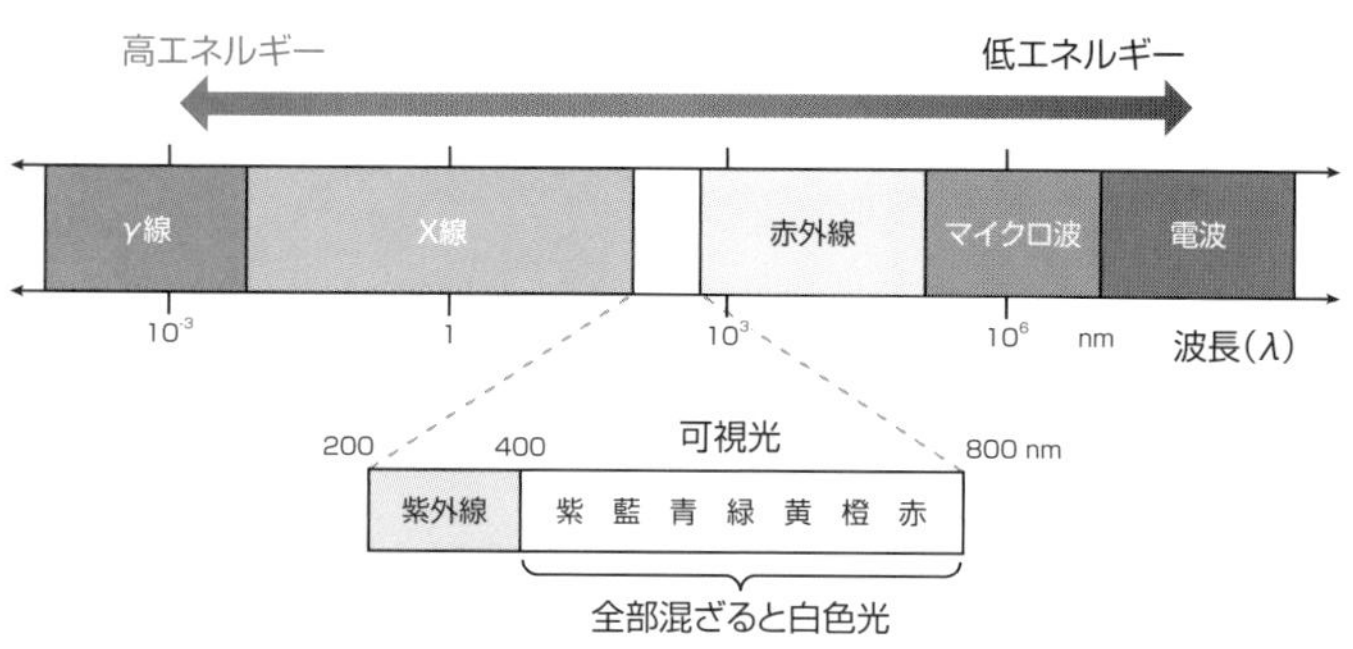

光の三原色

虹の七色の光を混ぜると白色光になると言いましたが、実は7色もの光を混ぜなくても、三色の光を混ぜるだけで白色光となります。この三色の光を光の三原色と言います。それは赤、青、緑の三色です。

光の場合には、多くの色を重ねれば重ねるほど明度が高くなるので加算混合と言います。それに対して絵の具などの顔料の場合は色を重ねるほど暗く、黒くなるので減算混合と言います。ちなみに絵の具の三原色は赤、青、黄です。

光の場合、三原色全部でなく、二色を混ぜると固有の色となります。また、三原色を適当な割合で混ぜると固有の色が発色します。このことから、三原色さえあればどのような色の光でも自由に作り出すことができます。現在のテレビなど、カラーモニターは全てこの原理を用いてカラー表示を行っています。

SECTION 20 エネルギーとは?

電磁波である光は$E=h\nu$というエネルギーを持ちます。ところで、エネルギーという言葉はよく使いますが、エネルギーとは何でしょう? 改まって答えようとすると、言葉が出てこないのではないでしょうか? それは、私たちはエネルギーを直接見たり、聞いたり、触れたり等の体験をすることが無いからと言えるでしょう。

位置エネルギー

エネルギーの語源はギリシア語のエネルゲイアであり、それは「力」、あるいは仕事の源というような意味です。私たちはこの「力」をいろいろの形で感じ、利用しています。風力、水力、電力、原子力など一般に「○○力」と言われるものは「学力」を除けばその多くはエネルギーなのです。

そのエネルギーの中でも、これから解説しようとするエネルギーに最も近いのが位置エネルギーです。

位置エネルギーというのは物体がその置かれた位置の高さに応じて持つエネルギーです。3階から地面に物を落とすと、物が大きく破損します。それは位置エネルギーのせいです。地面と3階を比べたら、高い3階の方が大きな位置エネルギーを持っています。3階の位置エネルギーを⊿Eとしましょう。したがって屋上に立っている人は⊿Eだけのエネルギーを持っていることになります。それに対して地面

●位置エネルギー

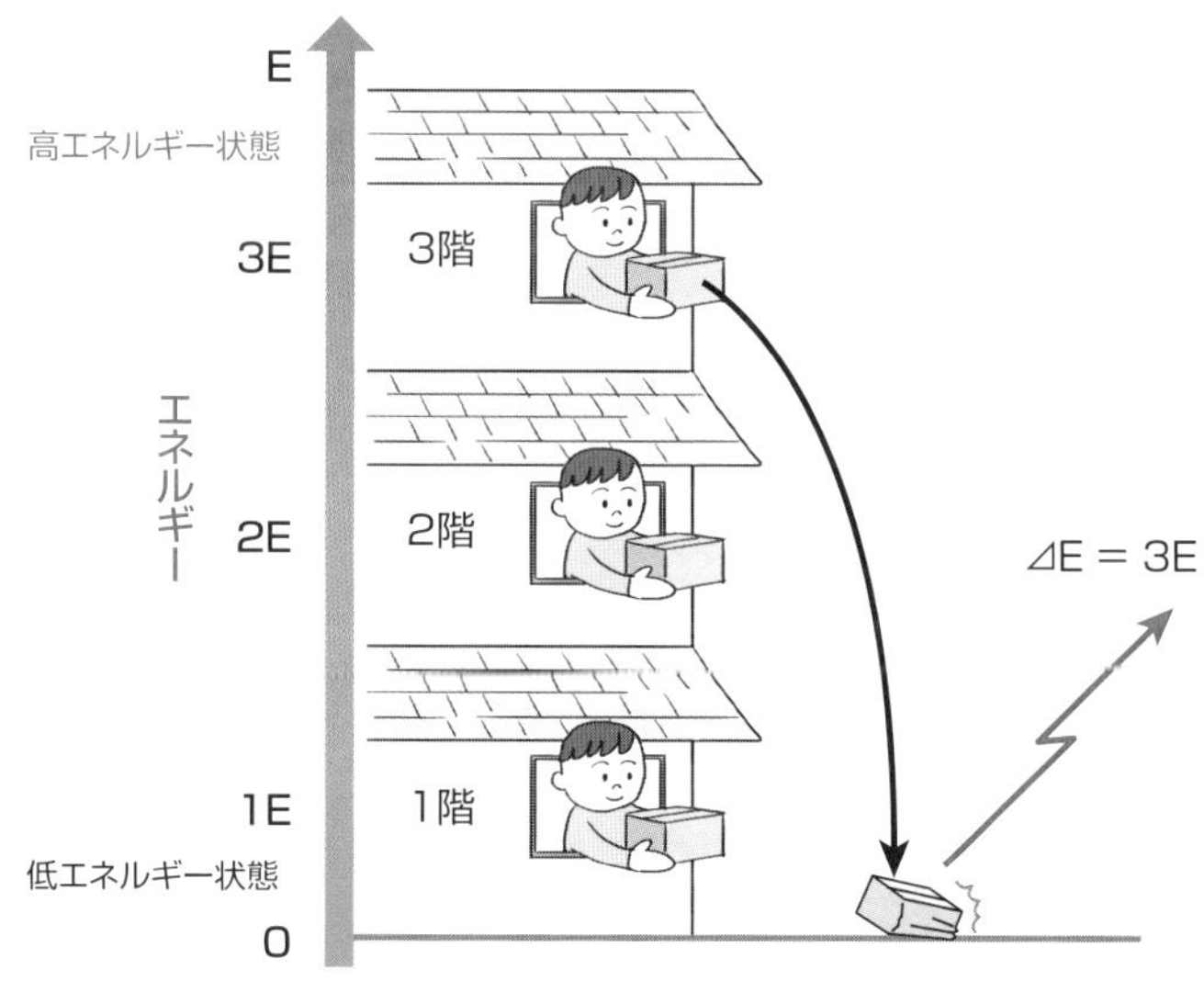

に立っている人のエネルギーは0です。3階から地面に物を落とすと、この物の位置エネルギーは⊿Eから0に変化します。ということは両状態のエネルギー差⊿Eが外部に放出されることになり、このエネルギーが物が破損するという「仕事」をしたことになるのです。

燃焼エネルギー

炭を燃やすと熱くなります。熱くなるということは、燃えている炭が熱というエネルギーを放出していることを意味します。なぜ、燃えている炭は熱を放出するのでしょうか？　炭は炭素Cの塊です。炭が燃えるというのは炭素が酸素O_2と化学反応して二酸化炭素CO_2になるということです。

先に原子の電子殻や軌道にエネルギーのあることを見ました。これは電子殻や軌道に入っている電子はそれだけのエネルギーを持っていることを意味します。そのようなエネルギーの総和が、その原子の持

●炭素と酸素の化学反応の式

$$C + O_2 \rightarrow CO_2$$

つエネルギーということになります。分子の場合も同じです。このように原子や分子は固有の大きさのエネルギーを持っているのです。

CもO_2もCO_2もそれぞれ固有のエネルギーを持っています。先の反応式で矢印の左側の物質を出発系、右側の物質を生成系と言います。両系のエネルギーを比較すると出発系の方が大きい、つまり高エネルギーなのです。

したがって出発系が生成系に変化すると両系のエネルギー差ΔEが外部に放出されます。このエネルギーが熱として観測されたのです。

●燃焼エネルギー

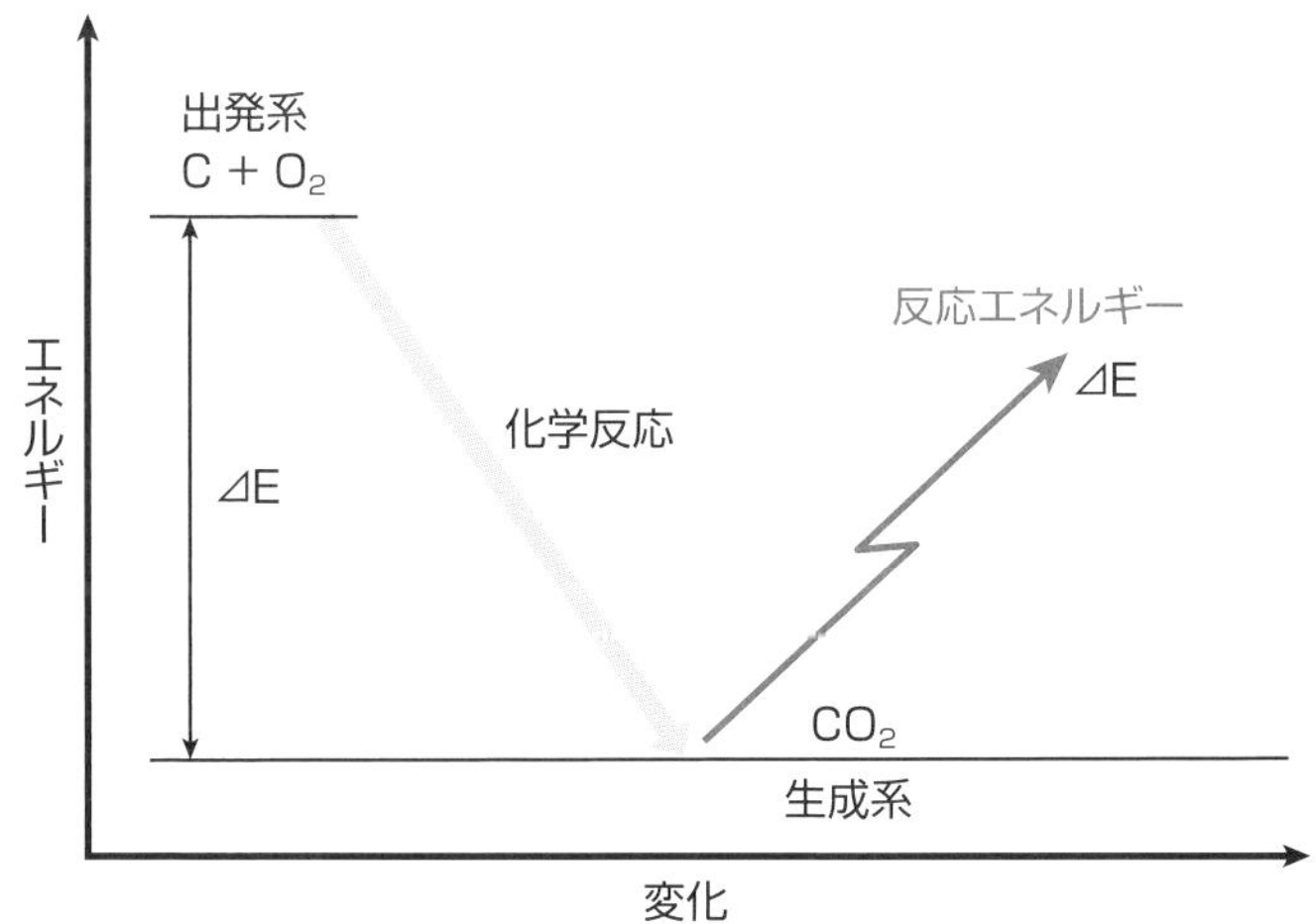

SECTION 21

ネオンサインと水銀灯

夜の街を照らす赤いネオンサインのガラス管の中には、ネオンNeの気体(原子)が入っています。公園を照らす青白い光を出す水銀灯の中には、液体金属である水銀Hgが入っています。水銀もネオンも原子です。なぜ原子が光るのでしょう?

水銀灯やネオンサインが光る原理

炭素の電子配置の項で見たように、原子にはエネルギーの低い基底状態と、エネルギーの高い励起状態があります。一般に原子は、普通の状態では最もエネルギーの低い基底状態にあります。

水銀灯に電気を通すと、基底状態の水銀原子が電気エネルギーΔE_{Hg}を貰って高エネルギー状態(励起状態)になります。しかし、この状態は不安定なので、水銀は貰ったエネルギーを放出して、元の状態（基底状態）に戻ろうとします。この時、余分になったエネルギー$\varDelta E_{Hg}$を放出します。このエネルギーが青白い光として観察されたのです。

ネオンサインが光るのも全く同じ原理です。ネオン原子が$\varDelta E_{Ne}$を電気エネルギーとして吸収して励起状態になり、それが基底状態に戻るときに$\varDelta E_{Ne}$を赤い光として放出したのです。

水銀灯とネオンサインで光の色が違う理由

それでは、水銀灯の光が青白く、ネオンサインの光が赤いのはなぜでしょうか？

それは両原子が放出する光の波長が違うからです。水銀とネオンで、励起状態と基底状態のエネルギー

●水銀灯やネオンサインが光る原理

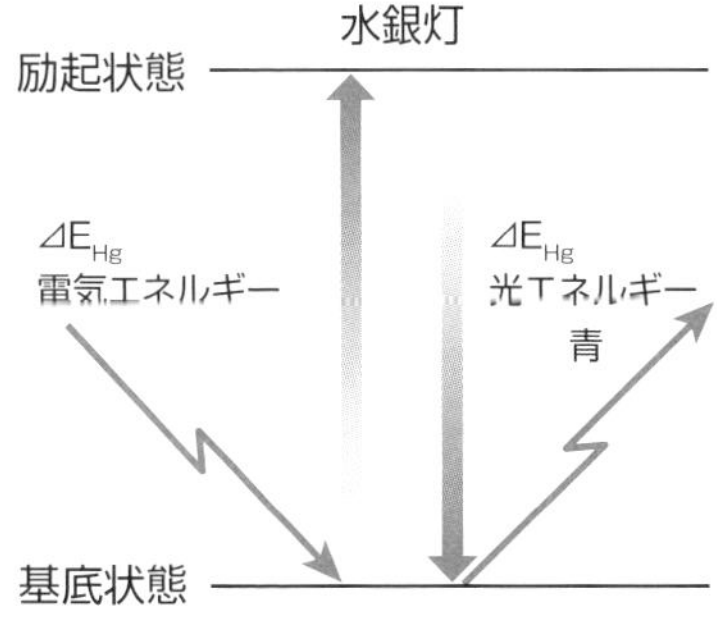

$\varDelta E_{Hg} > \varDelta E_{Ne}$

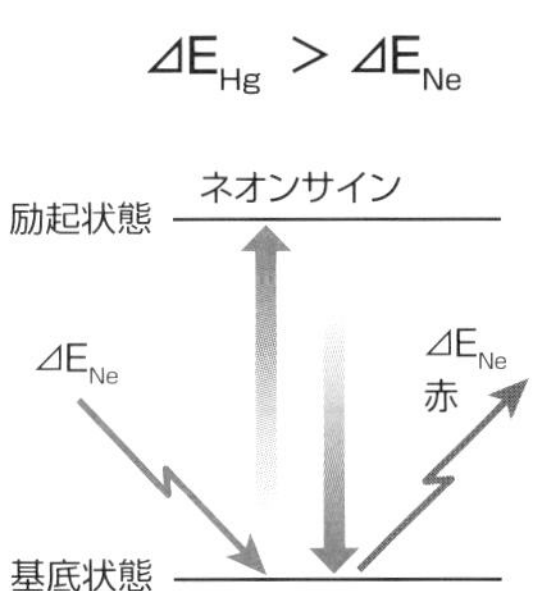

差ΔEを比較すると水銀のエネルギー差の方が大きくなっています。つまりΔE_{Ne}＜ΔE_{Hg}なのです。

先に見たように、光の波長は高エネルギーだと短く、低エネルギーだと長くなります。図からわかるように、短い波長の光は青色であり、長い波長の光は赤です。そのため、エネルギー差の大きい水銀の光は青白くなり、エネルギー差の小さいネオンサインの光は赤くなったのです。

SECTION 22 有機EL

昔のテレビは大きくて重い物でした。映像を映しだす部品はブラウン管と呼ばれるガラス製の大型真空管であり、画面はわずか14インチ(対角線長＝36㎝)でも、長い電子銃(電極)のせいで奥行きは50㎝もある超厚型テレビでした。

有機ELテレビ

液晶テレビ、プラズマテレビなどのおかげで超薄型になったのは25年ほど前でした。液晶テレビとプラズマテレビは視聴者にとっては区別がつかないほど似ているのに、その原理は全く異なるという、不思議な組み合わせでした。

やがてプラズマテレビが姿を消して、液晶テレビが頑張っていましたが、数年前から有機ELテレビという新顔が姿を現しました。新顔と言いましたがそれは日本だけであって、世界ではケータイの画面や自動車のモニターなどで10年ほど前から使われていました。

日本は有機ＥＬの研究では世界のトップを走ると言われながら、企業の経営戦略によって実用化が遅れていたようです。ようやく日本でも世に出たというところですが、遅れはどうにもならず、日本製の有機ＥＬテレビとは言っても肝心の有機ＥＬ部分は外国製という状態のようです。

有機ＥＬの原理

有機ＥＬというのは有機物のElectro Luminescenceということであり、電気発光のことです。有機物というのは炭素を含む化合物ということです。つまり、プラスチックや生命体のような有機物分子が電気的に発光するということです。

原子が電気によって発光する原理は前で見た通りなので、分子が電気的に発光したからと言ってあえて騒ぐほどのことでもありません。プラスチックや生命体のようなものが発光すると言ったら、不思議かもしれませんが、実は不思議でもなんでもありません。ホタルやホタルイカ、ヤコウタケもみんな有機物でできた生命体で光っています。有機ＥＬはそれを真似しただけのことです。

ということで、有機ＥＬの発光原理は前項で見た水銀やネオンを有機ＥＬ分子に置き換えただけの話です。したがって、基底状態の有機ＥＬ分子が電気エネルギーΔＥを吸収して励起状態になり、それが基底状態に戻るときに不要になったΔＥを放出し、それが光になったというだけの話です。

有機ＥＬ分子と発光色

有機ＥＬの構造は単純極まりない物です。次ページの図に示したのは代表的な有機ＥＬ分子です。一見した所よく似た構造で、特にＰＳＤとＮＳＤは間違えるほどよく似ていますが、発光する光の色は違います。つまりそれぞれが赤、青、緑の三原色に発光するのです。その光の波長分布は図の通りです。つまりこの3種の分子さえあればどのような色の光でも作りだすことができるのです。

発光素子の作製は嘘のように簡単です。金属基盤（電極）にこれらの分子を、まるでペンキを塗るように塗り、その上に透明電極を重ねて、両電極間で通電すれば有機EL分子が固有の色でまばゆく輝きます。

この素子を極限まで小さくし、それを電気制御して任意の素子を任意の輝度で輝かせれば任意の模様の絵が描けることになります。その技術はプラズマテレビの技術と同じ物です。

有機ELの長所と短所

有機ELには多くの長所がありますが、構造が単純なので製作費

●発光物質

EL　発光強度

PSD NSD PD

300 400 500 600 700 800

波長（nm）

発光材料

トリフェニルアミン誘導体（PSD）（460nm）

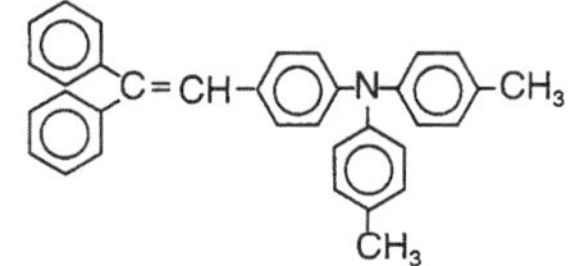

トリフェニルアミン誘導体（NSD）（520nm）

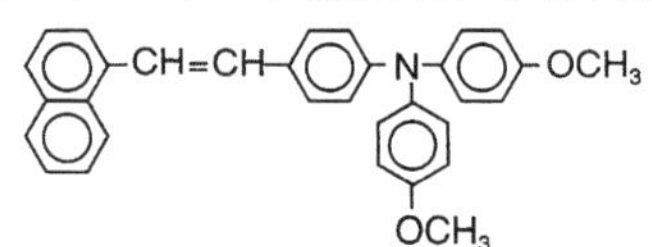

ペリノン誘導体（PD）（620nm）

が低い、液晶やプラズマ型より薄くできる、曲面ディスプレイが容易にできる、電極をプラスチックにして柔軟で屈曲性のある物にできるなどが挙げられます。

曲面ディスプレイというのは、自動車の車体とか、球体とかのことですし、屈曲性があれば、ロールカーテンのように不要のときは巻いて格納するなどが可能になります。短所として挙げられるのは、有機物なだけに耐久性の問題です。それには発熱をどれだけ抑えることができるかということが大切になるでしょう。しかし、液晶テレビも有機物(液晶分子)を用いているのであり、それが実用上問題無いのですから、有機ELテレビも問題なく活躍してくれることでしょう。

SECTION 23

光吸収

発光と光の色彩のことを見たのですから、顔料（絵の具）の発色の原理も見ておきましょう。それには赤いバラのことを考えてみるのが一番です。

バラが見えるのは反射のせい

ネオンサインが赤いのはネオンサインが赤い光を出しているからです。それではバラが赤いのはなぜでしょう？　バラは発光しません。その証拠に、暗闇では赤いバラも見えなくなってしまいます。

バラが赤く見えるためには太陽光、照明などの光が必要です。つまりバラは照明の光を反射することによって私たちに赤く見せているのです。しかし、太陽光は白色であり、赤くはありません。その証拠に、全ての光を最も良く反射する鏡は赤くありません。バラの花が赤く見え、葉が緑に見えるのはなぜでしょう?

バラが赤く見えるのは光吸収のせい

鏡は全ての光を反射します。七色の光からなる白色光を当てれば、七色全部を反射します。だから反射光も白色になるのです。もし、七色からなる白色光の一色だけを除いたら、残りの光は何色になるのでしょう?

この問題に答えてくれるのが色相環です。白色光から色相環の任意の一色を除くと、残りの光は除いた色の中心を挟んで反対の色になります。この色を、除いた色の補色と言います。

つまり白色光から青緑の光を除くと、残りの光は赤く見えるのです。全く同様に赤い光を除けば残りは青緑に

●色相環

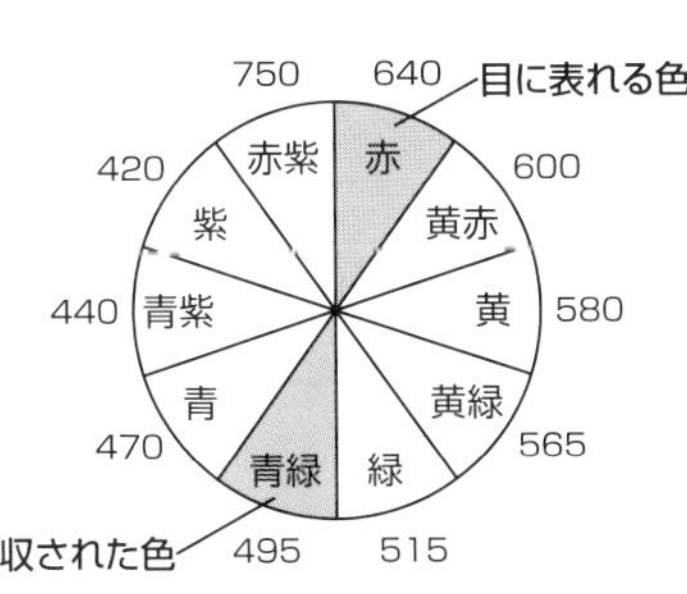

見えます。この場合、赤は青緑の補色であり、同様に青緑は赤の補色ということになります。ということで、赤いバラの花は白色光に照らされるとそのうち青緑の光を吸収し、残りの光だけを反射していたから赤く見えたのです。同様に葉は光を吸収していたのです。

どのような分子が赤い光を吸収し、どのような分子が青緑の光を吸収するかは色相環で見た通りです。赤い光を発光したネオンは赤い光に相当するエネルギーを電気エネルギーとして吸収していました。つまり、基底状態と励起状態のエネルギー差がネオンと似た分子だったら赤く見える可能性があるのです。

光や色彩の問題は全てこのように、基底状態と励起状態のエネルギー差を考えることで解決することができます。

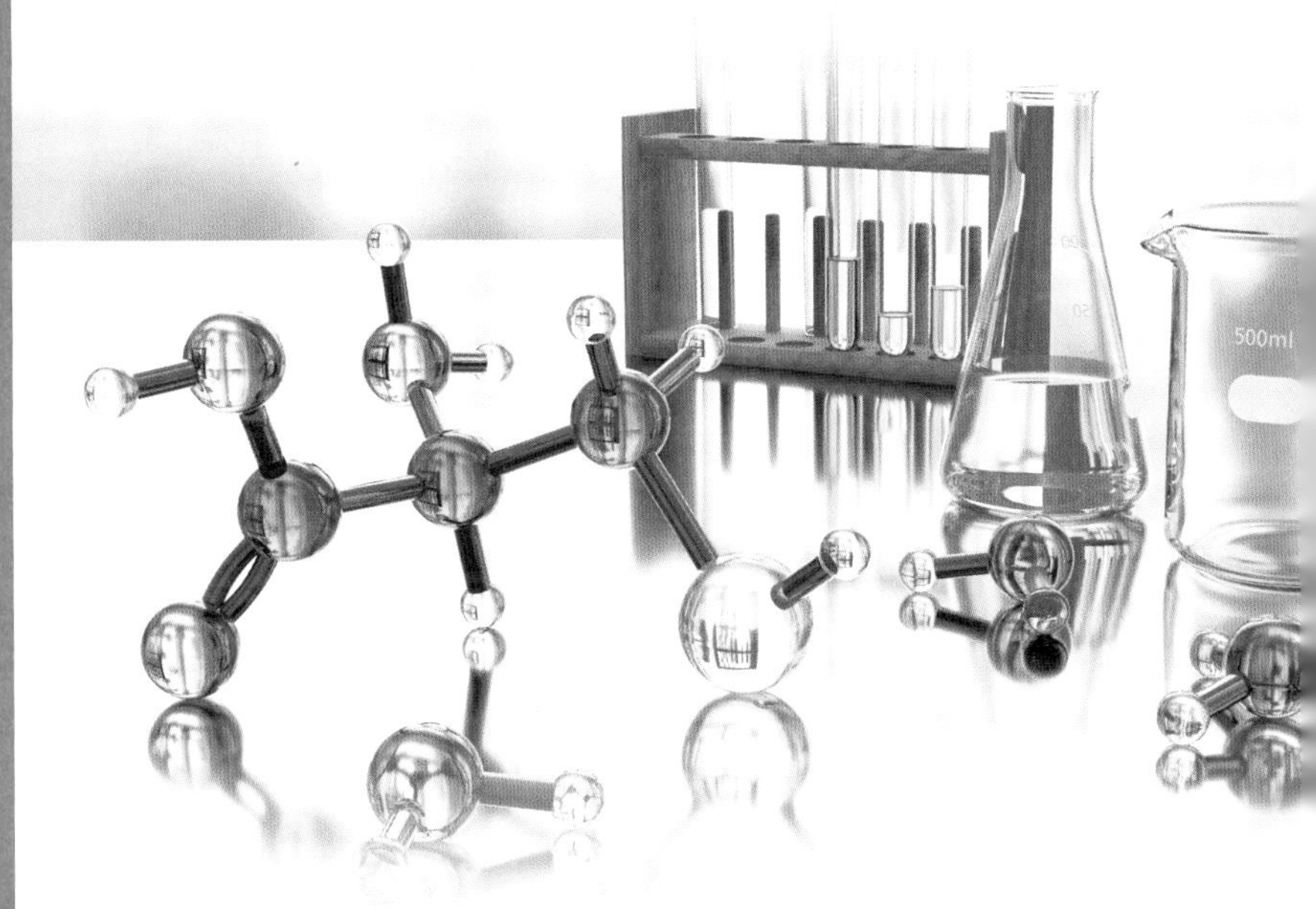

Chapter.5 イオン結合と金属結合

SECTION 24

原子とイオン

原子は原子核と電子からできていますが、原子はその電子を放出したり、あるいは新たに受け入れたりします。そのような挙動によって原子は電気的に中性な状態を崩し、プラス、あるいはマイナスに荷電します。このような粒子をイオンと言います。

イオンってなんだろう?

原子は化学結合をすることによって分子を構成します。そして化学結合をするときに原子は変質することがあります。そのような変質状態の1つにイオンと言うものがあります。

原子番号Zの原子は、原子核にZ個の陽子を持ち、電子雲にZ個の電子を持ちます。そして1個の陽子の電荷は+1であり、1個の電子の電荷は−1ですから、原子核の電荷と電子雲の電荷が相殺され、原子は電気的に中性となっています。

この原子から-1に荷電した電子を1個取り去ると、原子は$+1$の電荷を帯びることになります。このようなものを陽イオンと言います。反対に原子に電子を1個加えると-1に荷電します。このようなものを陰イオンと言います。

ナトリウムNaを見てみましょう。これは周期表の1族に属しますからリチウムLiと同様に価電子は1個で、M殻に入っています。Naから電子を1個取り去るとナトリウム陽イオンNa^+となりますが、このものの電子配置はM殻の電子が無くなり、K殻とL殻のものばかりです。そしてこの電子配置は18族のネオンNeと同じであり、閉殻構造となって安定化しています。これは、Naは電子を放出してNa^+になろうとする性質があることを意味します。

次に塩素Clを見てください。これは17族元素であり、フッ素Fと同じく価電子は7個でM殻に入っています。これに1個の電子を加えるとM殻の電子は8個となって閉殻構造となり、安定化します。

したがってNaとClが接近するとNaからClに電子が移動し、Na^+とCl^-になってしまいます。

イオン化エネルギーと電子親和力

イオン化にはエネルギーの出入りが伴います。エネルギー＝－⊿Eの電子殻に入っている電子が電子殻を脱出してエネルギー＝0の自由電子になるためには外界からエネルギー⊿Eを吸収しなければなりません（吸熱反応）。すなわち、陽イオンになるためには外界からのエネルギー補給が必要なのです。このエネルギーをイオン化エネルギーI_Eと言います。

反対に自由電子が電子殻に入るときにはエネルギーが放出されます（発熱反応）。つまり、陰イオンになるときには外界にエネルギーを放出するのです。このエネルギーを電

●イオン化エネルギーと電子親和力

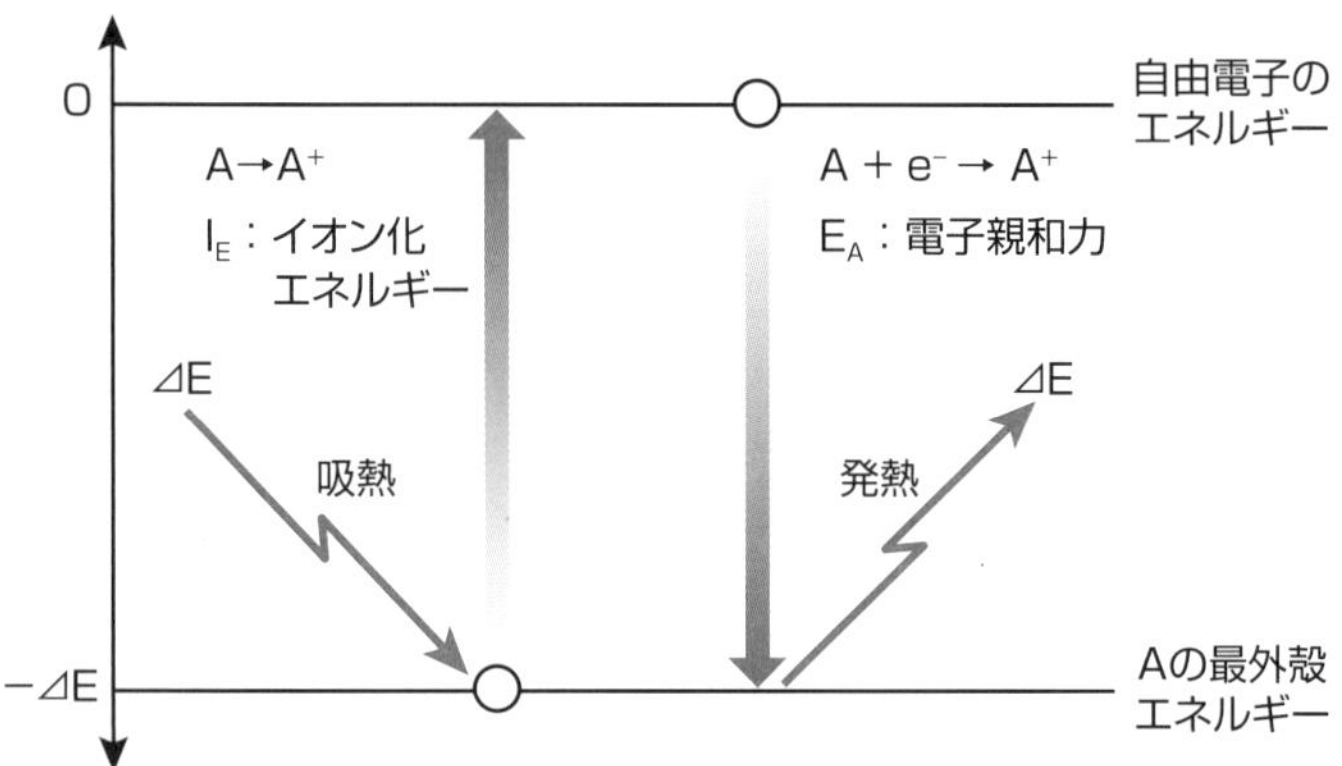

子親和力E_Aと言います。

図は簡単化したものですが、この図ではI_EとE_Aの絶対値は等しくなっています。つまり簡単に言うと、同じ電子殻を考える場合には、I_EとE_Aの絶対値は等しいことになります。ただし、片方は吸収されるものであり、片方は放出されるものという、まったく逆の性質を持っています。

電気陰性度

イオン化エネルギーI_Eと電子親和力E_Aは原子のイオン化する傾向の大小を計る目安になります。I_Eの絶対値が大きいということは陽イオンになるのに大きなエネルギーを必要とすることを意味します。つまり陽イオンになり難いのです。反対にE_Aが大きいということは陰イオンになるときに大きなエネルギーを放出することを意味します。つまり陰イオンになりやすいのです。

ということはI_EとE_Aの絶対値の平均を作れば、原子の陰イオンになるなりやすさの尺度になることになります。このような考えで決められたのが電気陰性度です。電気陰性度は測定値ではありません。

図は周期表に倣って電気陰性度を表したものです。右上方の元素ほど電気陰性度が大きいことがわかります。図に示した範囲ではフッ素Fが最大(4・0)でカリウムKが最小(0・8)です。水素H(2・1)と炭素(2・5)がほぼ中間です。この感覚は原子や分子の性質を考えるうえで非常に重要です。

イオン結合とは?

プラスの電荷とマイナスの電荷の間には静電引力が働きます。イオン結合はこの静電引力に基づく結合です。代表的なものがNa^{+}とCl^{-}の間に働く引力です。食塩(正確には塩化ナトリウム)はイオン結合でできた分子なのでイオン結合化合物と言われます。

図はNaClの結晶です。Na^{+}とCl^{-}が三次元に渡って整然と積み重ねられています。ところで、ここからNaとClの2個の原子(イオン)からできた粒子を取り出すことが

●電気陰性度

H 2.1							He
Li 1.0	Be 1.5	B 2.0	C 2.5	N 3.0	O 3.5	F 4.0	Ne
Na 0.9	Mg 1.2	Al 1.5	Si 1.8	P 2.1	S 2.5	Cl 3.0	Ar
K 0.8	Ca 1.0	Ga 1.3	Ge 1.8	As 2.0	Se 2.4	Br 2.8	Kr

できるでしょうか？　この結晶では全てのNa^+とCl^-が結合しており、NaClという2原子からできた単位粒子（分子）は存在しないのです。いわば全てのNaとClが結合した$Na_\infty Cl_\infty$という巨大分子と言えるような状態です。

このようにイオン結合でできた分子には分子構造は定義できません。結晶構造が分子構造に代わると思えばよいでしょう。

●NaClの結晶

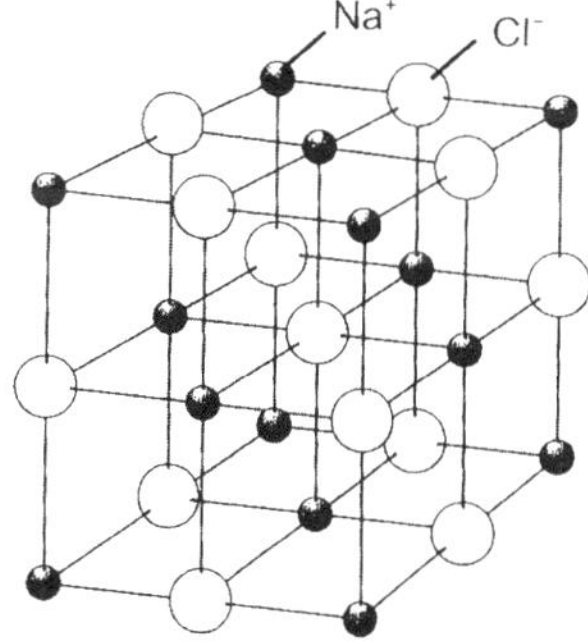

●イオン結合

$$Na^+ + Cl^- \rightarrow Na^+ — Cl^-$$

金属結合

鉄Feや金Auなどの金属原子の作る結合を金属結合と言います。金属原子は金属結合を作るときに価電子（n個としましょう）を全て放出して金属イオンM^{n+}になります。この時放出された価電子は自由電子と呼ばれます。

金属イオンはミカンやリンゴが積み重なるように整然と積み重なって結晶を作ります。そしてその隙間を自由電子となった価電子が埋めます。

●金属結合の様子

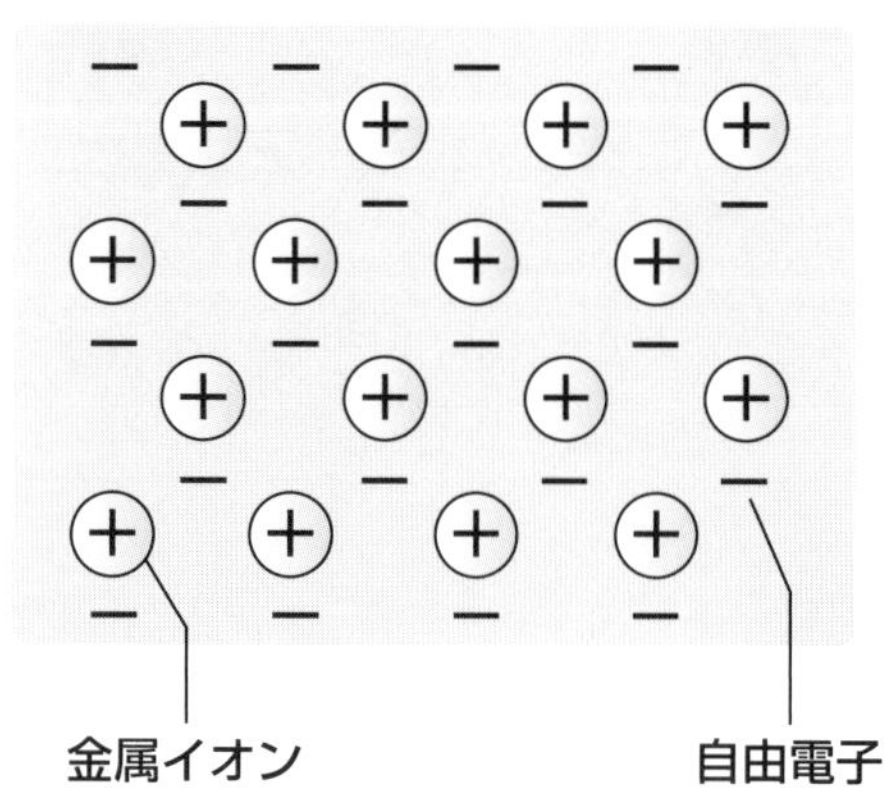

金属イオンはプラスに荷電し、自由電子はマイナスに荷電しています。

したがって金属イオンと自由電子の間には静電引力が働きます。この状態は水槽に木でできたボールを積み上げ、その間に木工ボンドを流し込んだような状態です。ボールが木工ボンドで接着されるように、金属イオンは自由電子によって接着されます。これが金属結合であり、金属結合で結合した金属です。すなわち、ここでも、先のイオン結合と同じように、何個かの金属原子でできた単位粒子、分子を指摘することはできないのです。

金属の伝導性

金属の特色の1つに電気伝導性があります。電流は電子の移動です。電子がAからBに移動したとき、電流がBからAに流れたと言います。

電気伝導と自由電子

物質には電流を流すことのできる伝導体と流すことのできない絶縁体があります。電子が移動しやすい物質が伝導体であり、電子が移動できない物質が絶縁体です。金属が伝導体であるのは自由電子の存在によります。金属イオンの間に詰まっている自由電子が移動して電流となるのです。

したがって自由電子が移動しやすければ伝導性は高く、移動しにくければ伝導性は低くなります。自由電子は金属イオンの間をすり抜けるようにして移動します。この時、金属イオンが静かにジッとしていてくれれば電子は通り抜けやすいのですが、イオンがバタバタ動いたのでは通りにくくなります。

金属イオンが静かにしているかどうかは温度によります。低温では静かにしていますが、高温になると振動してバタバタします。このような事情なので、低温になると金属の伝導度は高くなります。反対に抵抗は低温になると低くなります。

超伝導状態

それでは金属の温度をぐっと下げたらどうなるのでしょう。グラフは温度と伝導度、抵抗値の関係を表したものです。低温になるほど伝導度は高く、抵抗値は低くなります。ところが、ある温度、臨界温度T_Cに達すると突如伝導度無

●自由電子の移動

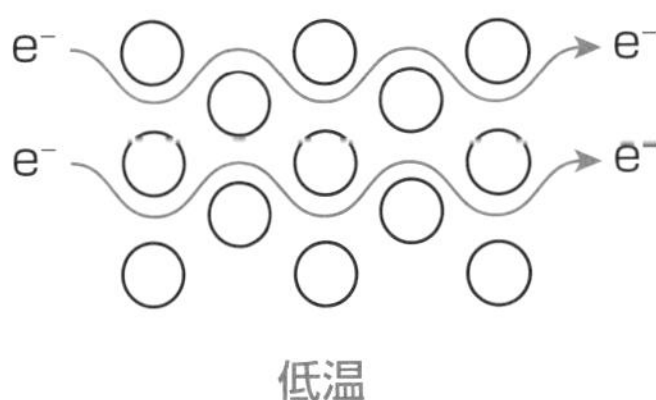

低温
スムーズに移動

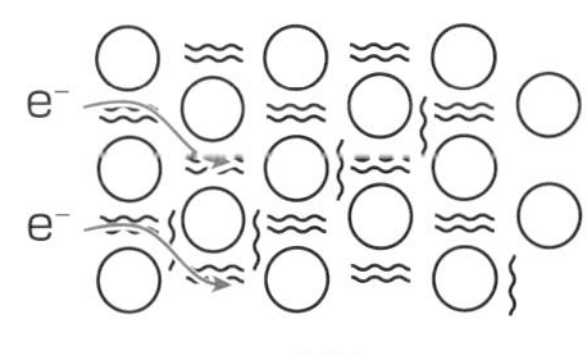

高温
移動困難

限大、抵抗値0となります。この状態を超伝導状態と言います。

超伝導状態では電気抵抗無しにコイルに大電流を流すことができます。すなわち、発熱無しに超強力電磁石を作ることができるのです。このような磁石を超伝導磁石と言い、リニアモーターカーで車体を浮かすのに使われています。また、脳の断層写真を撮るMRIにも使われています。しかし、超伝導状態にするには絶対温度数、マイナス270℃程度という極低温が必要です。

●超伝導状態

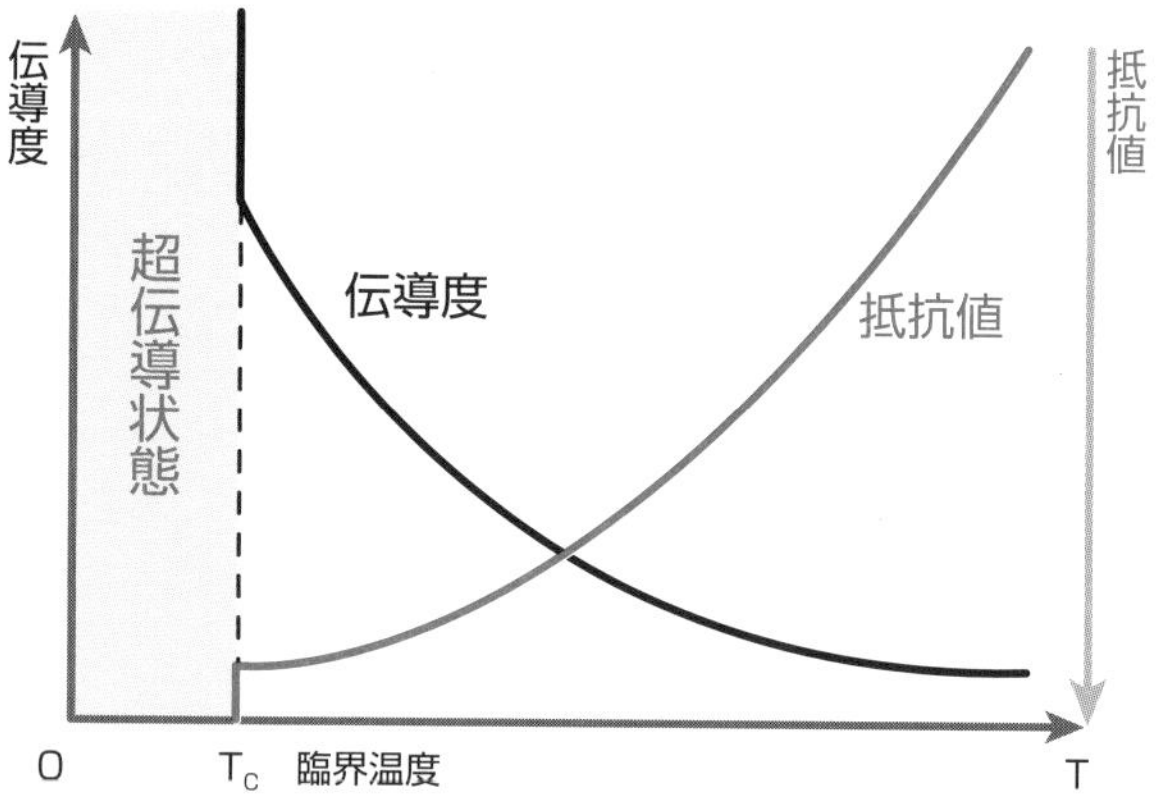

金属の性質

金属には固有の性質があります。主なものを見てみましょう

展性・延性

醤油を小皿に入れて2、3日放置すると、水分が蒸発して食塩（塩化ナトリウム NaCl）の四角な結晶が現れます。さっと水道水で洗うと無色透明な美しい結晶が手に入ります。

せっかくの結晶ですが、これを金づちでたたくと砕けて白い粉になってしまいます。しかし鉄でできた釘を、コンクリートの上に横にして頭を金づちで叩いても、釘は砕けません。頭が平らに変形するだけです。食塩は硬くて砕けるのに鉄は軟らかくて変形するだけです。

これは食塩（イオン結合）と鉄（金属結合）の結合の違いに基づく性質です。

図Aはイオン結合の模式図です。陽イオンと陰イオンが隣り合って結合し、安定化しています。この状態を移動して図Bにすると陽イオンと陽イオン、陰イオンと陰イオンが隣り合うことになります。これでは静電反発が起こって不安定化してしまいます。そのため、イオン結合でできた物質は硬くて変形しにくいのです。

●結合による変形の難易さ

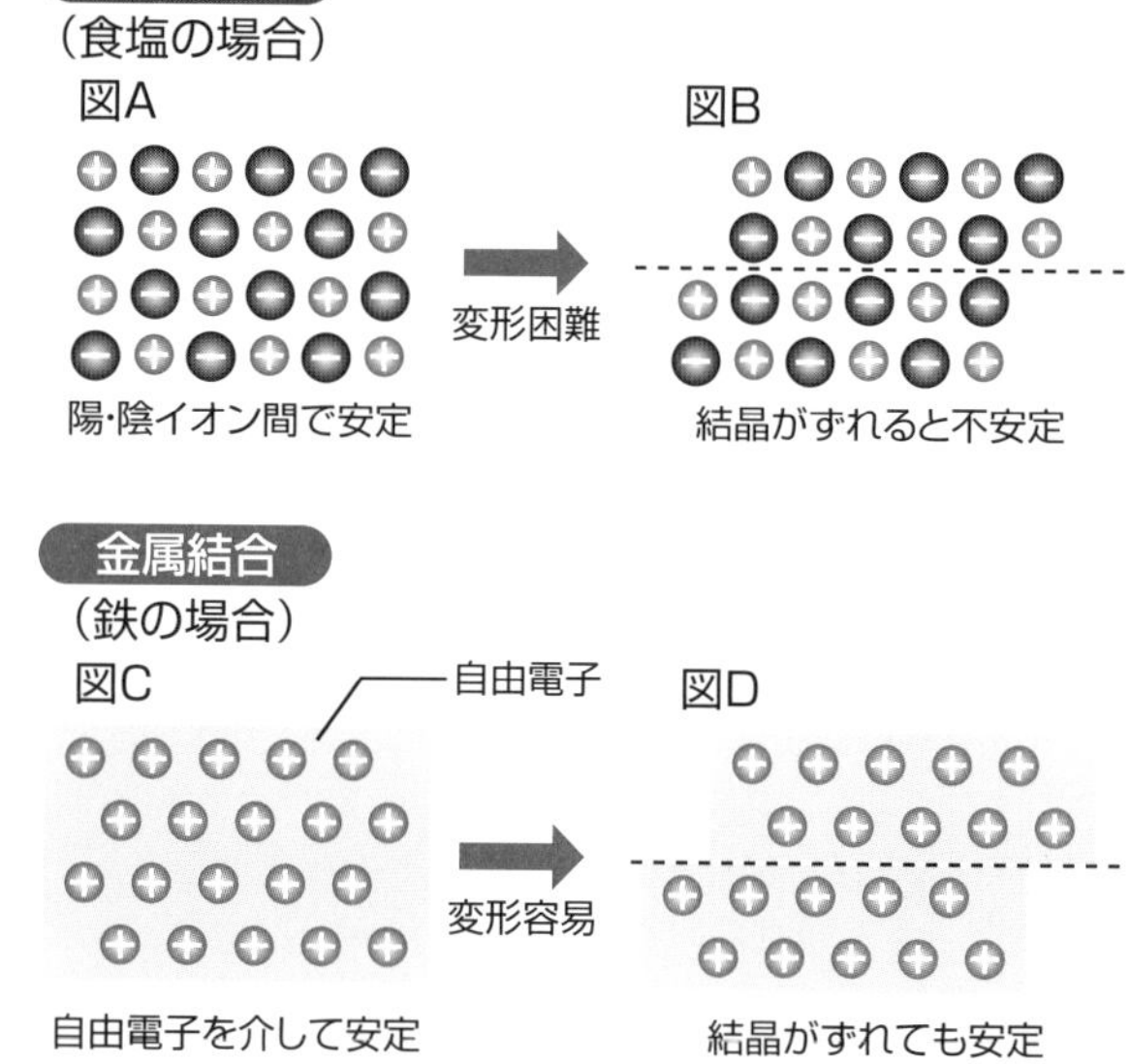

図Cは金属結合の模式図です。金属陽イオンの間を自由電子が埋めています。この状態を先の例と同じように変形すると図Dになります。相変わらず陽イオンの間には自由電子が存在します。つまり、金属の場合には自由電子が緩衝材、クッションのような働きをするので軟らかく、変形しやすいのです。

このように、結合は物質の性質、状態に大きく影響しているのです。

水素を吸収する金属

図は金属結晶における金属イオンの積み重なり方を示したものです。3種類の積み重なり方があります。六方最密構造、立方最密構造（面心構造と同じ）、体心立方構造です。一定空間内に最もたくさんイオンを入

●金属イオンの積み重なり方

六方最密構造　充填率 74%

立方最密構造（面心立方構造）　74%

体心立方構造　68%

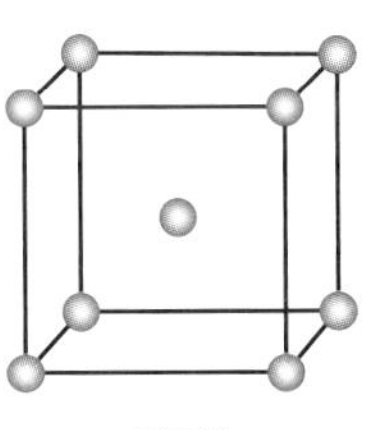

れることができるのは六方最密構造と立方最密構造です。しかし、リンゴ箱にリンゴを入れても隙間ができるように、この場合でも空間の26％は隙間です。体心立方構造では隙間は32％に広がります。この空間には自由電子が入っていますが、電子は雲のようなものです。あって無いようなものです。

この隙間に小さい原子が入ってしまうのです。これはリンゴで一杯になったリンゴ箱にも豆ならば入れることができるのと似ています。金属原子の隙間に入るのは水素です。すなわち、金属は水素ガスを吸収できるのです。このような性質が強い原子を特に水素吸蔵金属と言います。マグネシウムMgは自体積の1000倍ほどの体積の水素ガスを吸収することができます。

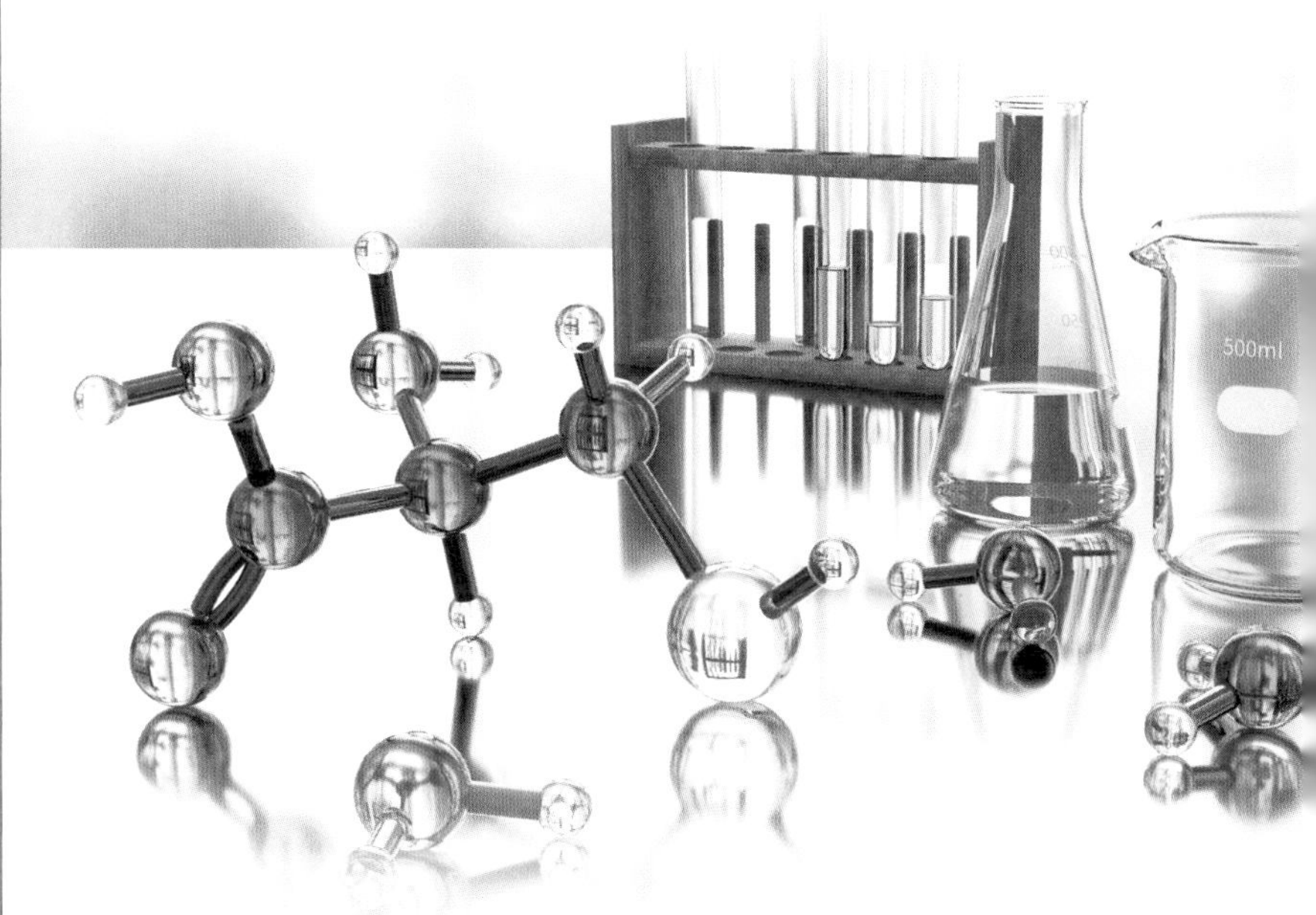

Chapter.6
共有結合と分子軌道法

分子軌道とは?

イオン結合、金属結合の本質は、プラス電荷とマイナス電荷の間に働く静電引力でした。共有結合は電気的に中性な原子の間に働く結合です。ですから、水素原子Hのように中性な原子2個を結合して水素分子H_2にすることができます。共有結合は多くの有機化合物を作る結合であり、化学で最も大切な結合と言うことができるでしょう。ここでは最も簡単な分子である水素分子を例にとって共有結合を見てみましょう。

水素分子の結合

水素原子Hは原子核の周りにある1s軌道に1個の電子を持った原子です。2個の水素原子が互いに近づいたとしましょう。すると互いの1s軌道が接触し、やがて2個の軌道が重なります。すると、2個の軌道は合体変身して、2個の水素原子核の周りを囲む大きな軌道になります。この変身は、2個のシャボン玉がくっついて大きなシャボン玉に変化する様子に例えるとよくわかるでしょう。

このようにしてできた大きな軌道を（水素）分子の軌道という意味で分子軌道と言います。それに対して水素原子が持っていた1s軌道を原子軌道と言います。そして、2個の水素原子が持っていた合計2個の電子は分子軌道に入ります。このような電子をとくに結合電子と言います

原子は結合する手を持っている

結合電子は電子雲となって2個の水素原子核の周りを漂いますが、とくに多く存在するのは2個の原子核に挟まれた中間領域です。すると、プラスに荷電した原子核とマイナスに荷電した電子の間に静電引力が発生します。

●水素分子の結合

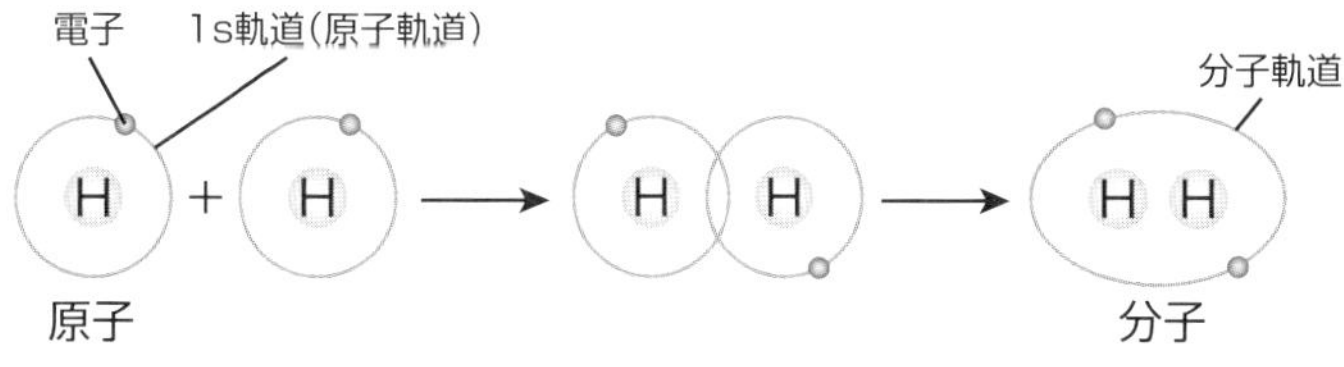

このようにして2個の原子核は結合電子を仲立ち、ノリとして結合することができるのです。

共有結合は結合する2個の原子が1個ずつの電子（価電子）を出し合って結合電子とし、それを互いに持ち合う（共有する）ことによってできた結合と見ることができます。そのため共有結合と呼ばれるのです。

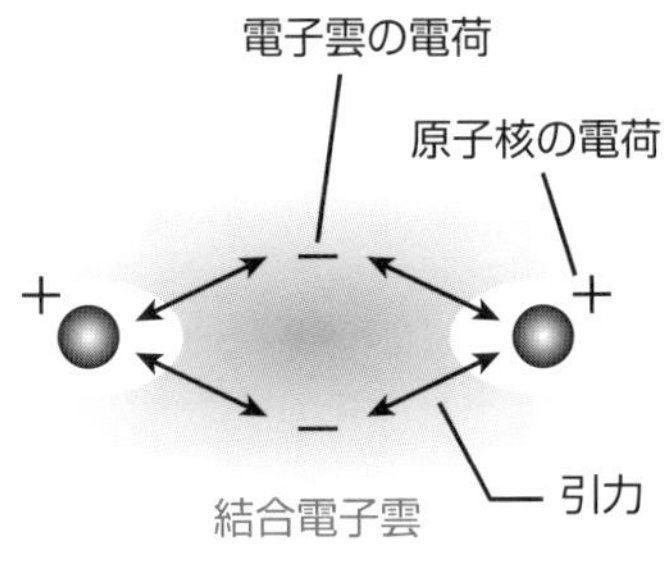

共有結合は原子の握手

共有結合は2個の原子が手を差し伸べて握手をする様子に例えることができます。この手を価標あるいは結合手と言います。すなわち、表題のように「原子は結合するための手を持っている」のです。イオン結合や金属結合でできた分子は、分子と呼ぶには抵抗のあるものでした。しかし、共有結合でできた分子は、まさしく分子と呼ばれるのにふさわしい分子です。水素分子H_2は独立した粒子として挙動し、反応します。共有結合でできた分子は固有の形、構造をとります。

結合性軌道と反結合性軌道

量子化学が化学にもたらした最大の功績は、分子軌道の考え方と、それに伴って発生した結合性軌道と反結合性軌道の考え方でしょう。それでは、分子のどこに反結合性軌道があるのだと聞かれても困ります。そのように考えると実験事実が合理的に説明できるということです。

原子間距離とエネルギー

図Aは2個の水素原子が近づいた時、系のエネルギーEがどのように変化するかを表したものです。

●原子間距離とエネルギー(図A)

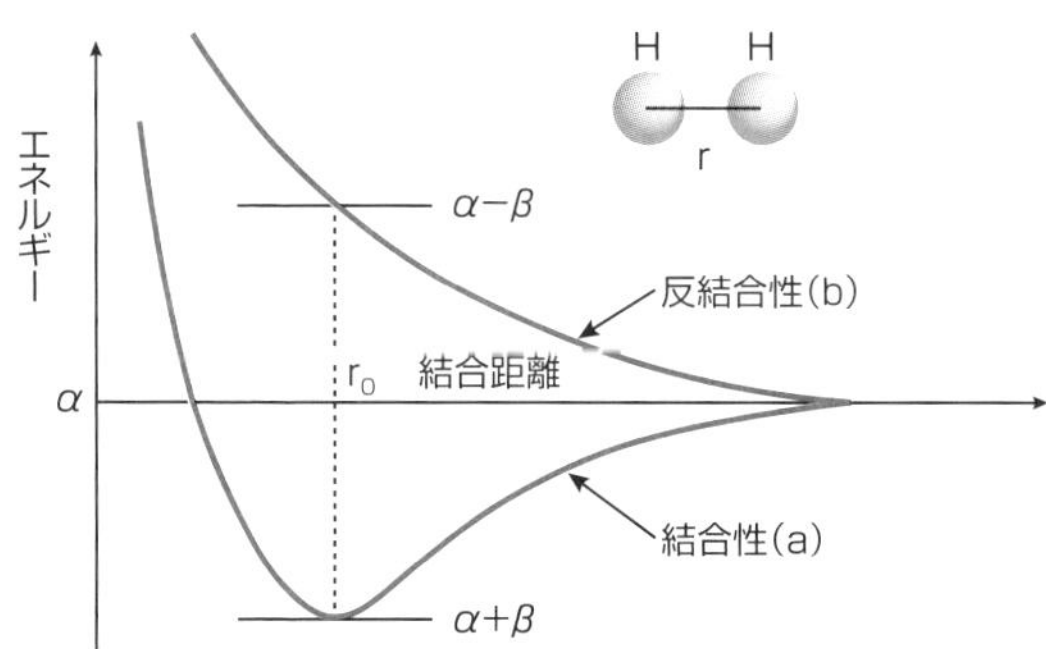

エネルギーは、原子間距離ｒが離れている時（ｒ＝∞）、つまり水素原子が結合せずに、原子として存在している時を基準（Ｅ＝α）とします。つまりαは水素原子の１ｓ軌道エネルギーということになります。

曲線ａを見てください。距離が近づくにつれてエネルギーは低下して安定化します。これは分子ができつつあることに対応します。そして距離が結合距離r_0に達した時、最も低エネルギー（Ｅ＝α＋β）となります（エネルギーはαもβもマイナスにとってあります）。ですからα＋βはそれだけマイナスに大きくなる、つまりグラフの下方にいきます）。しかし、距離が更に近づくと原子核間の反発が生じて系は高エネルギーの不安定状態となります。

次に曲線ｂを見てください。この曲線はｒが小さくなるにつれて上昇し続けます。そして結合距離r_0でＥ＝α－βとなります。

結合性軌道と反結合性軌道

曲線ａ、ｂは共に分子軌道のエネルギー変化を表した物です。曲線ａは結合性軌道のエネルギー変化を表したものであり、一方、曲線bは反結合性軌道のエネルギー変化です。図からわかる通り、結合性軌道は系を安定化し、分子を作る方向、すなわち結合を生成する方向に働きます。それに対して反結合性軌道は系を不安定化して分子を壊す方向、すなわち結合を切断する方向に働きます。

図Bは原子軌道と結合性軌道、反結合性軌道の関係を端的に表したものです。これは$H=\alpha$の2つの水素の原子軌道ϕ_1(ファイ)とϕ_2が相互作用して、2つの分子軌道、すなわち、結合性軌道ψ_1(プサイ)と反結合性軌道ψ_2が生じたことを表しています。(一般に記号ϕは原子軌道関数を表し、ψは分子軌道関数を表します)。分子軌道のエネルギーは結合生成時、すなわち$r=r_0$の時のものを採用します。

●結合性軌道と反結合性軌道(図B)

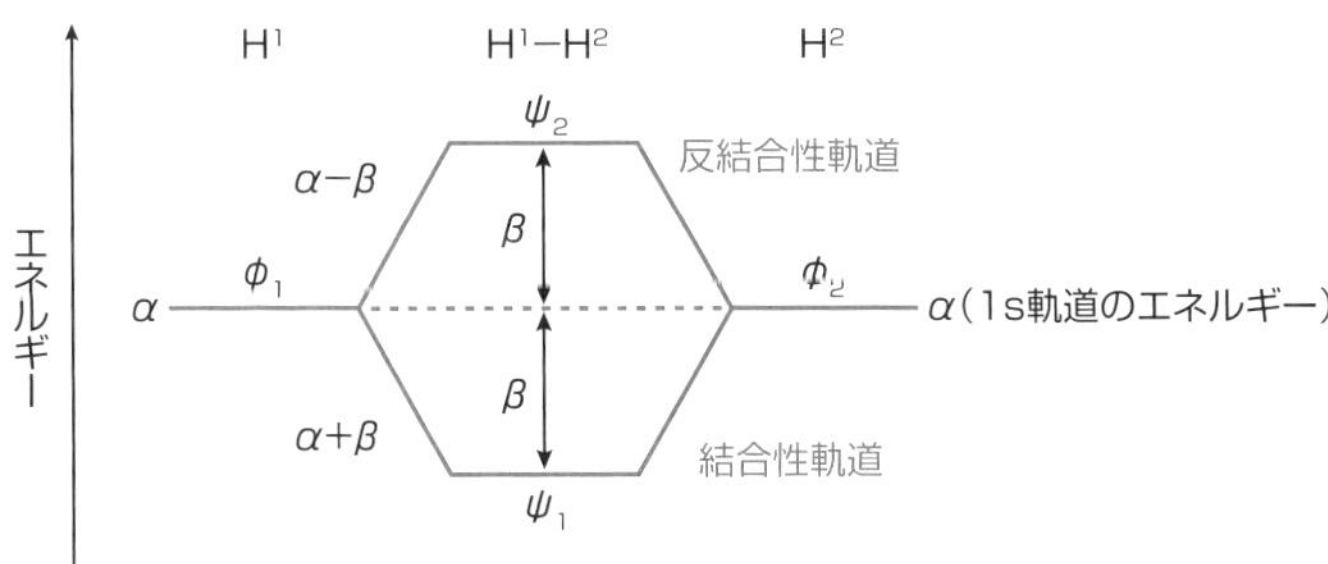

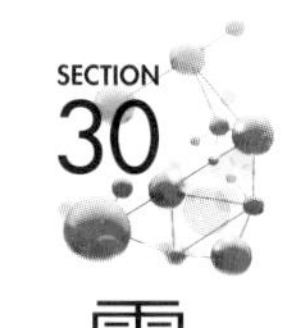
SECTION
30

電子配置と結合エネルギー

分子軌道ができると、原子の電子は分子軌道に移動します。原子軌道より分子軌道のエネルギーが低いと、この電子の移動によって系は安定化します。これが結合エネルギーの源です。

分子軌道の電子配置

前節で、$E=\alpha$ の原子軌道2個が相互作用(相関)して、エネルギーの低い結合性軌道とエネルギーの高い反結合性軌道の2個の分子軌道ができることを見ました。分子軌道ができたら、原子軌道の電子は分子軌道に移動します。

電子が分子軌道に入るときには守らなければならない約束があります。それは先に見た原子軌道の場合と同じです。

❶エネルギーの低い軌道から入る
❷2個の電子が入るときにはスピンを逆にする
❸2個以上の電子は入れない
❹できるだけ電子の向きを揃える

水素分子の結合エネルギー

図は軌道相関図に電子を入れたものです。水素原子状態では原子軌道に1個ずつの電子が入っています。水素の分子軌道ができたら、この2個の電子は❶、❷にしたがって結合性軌道に入ります。原子状態では2個の電子エネルギーの合計は$E_{原子}=2\alpha$です。一方、分子状態では$E_{分子}=2\alpha+2\beta$です。つまり、水素原子が

●水素分子の結合エネルギー

H　　H_2　　H

$\alpha-\beta$　反結合性

α

$\alpha+\beta$　結合性

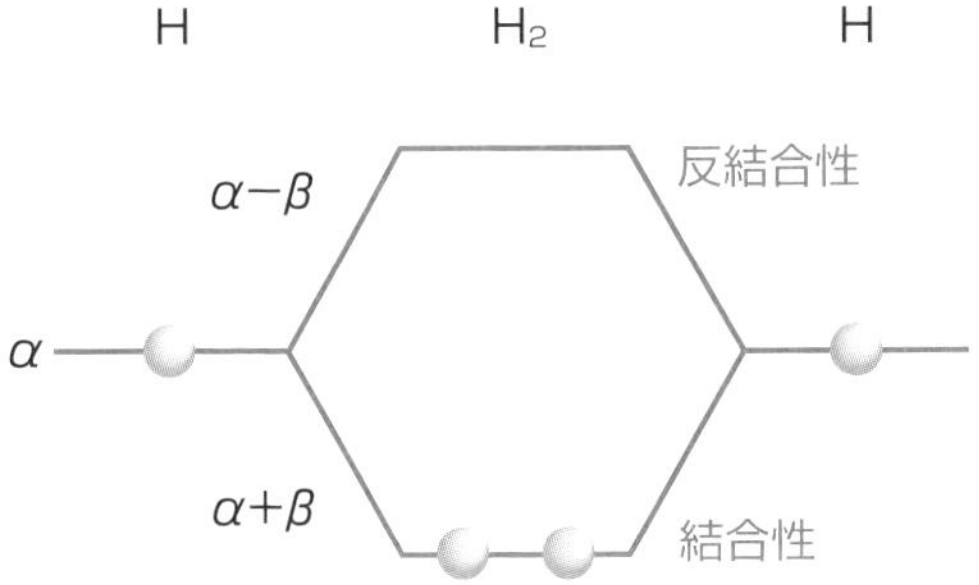

結合後　$E=2(\alpha+\beta)$
結合前　$E=2\alpha$

$\Delta E=2\beta$：結合エネルギー

結合して水素分子になった方が$\Delta E=2\beta$だけ安定化したのです。これが水素分子の結合エネルギーです。分子軌道法では結合エネルギーはβ単位で表されます。

このように分子軌道を使って分子の結合エネルギーや、更には分子の性質、反応性などを明らかにする手法を一般に分子軌道法と言います。現代化学、特に有機化学は分子軌道法無くして研究することは不可能にまでなっています。

ヘリウム分子ができない理由

分子軌道法を用いると、分子の結合を単純明快に明らかにすることができます。いくつかの例を見てみましょう。

ヘリウム分子の軌道相関

ヘリウム原子Heは分子He_2を作りません。この理由も軌道相関で明らかにすることができます。もし、ヘリウム分子ができたとしましょう。その場合の軌道相関は水素の場合と同じであり、図のようになります。違いは電子数です。水素原子は1s軌道に1個の電子、つまり不対電子を持っています。それに対してヘリウム原子は1s軌道に2個の電子、つまり電子対を持っています。その結果ヘリウムの分子状態では、電子は結合性軌道だけでは入りきらず、反結合性軌道にも入ってしまいます。

ヘリウム分子の結合エネルギー

この結果、ヘリウム分子の結合エネルギーには不思議なことが起こります。つまり$E_{原子}=4\alpha$、$E_{分子}=2(\alpha+\beta)+2(\alpha-\beta)=4\alpha$、となり$\Delta E=0$となるのです。

これでは結合エネルギーがありません。ということで、ヘリウムは分子を作ることができないのです。この説明の単純明快さが分子軌道法の魅力です。水素とヘリウムを比べると重要なことがわかります。それは「有効な共有結合」を作るためには、原子軌道に不対電子が入っていなければならないということです。これは「不対電子の入った軌道だけが共有結合を作ることができる」ということです。これは共有結合に関して非常に重要なことです。

●ヘリウム分子の結合エネルギー

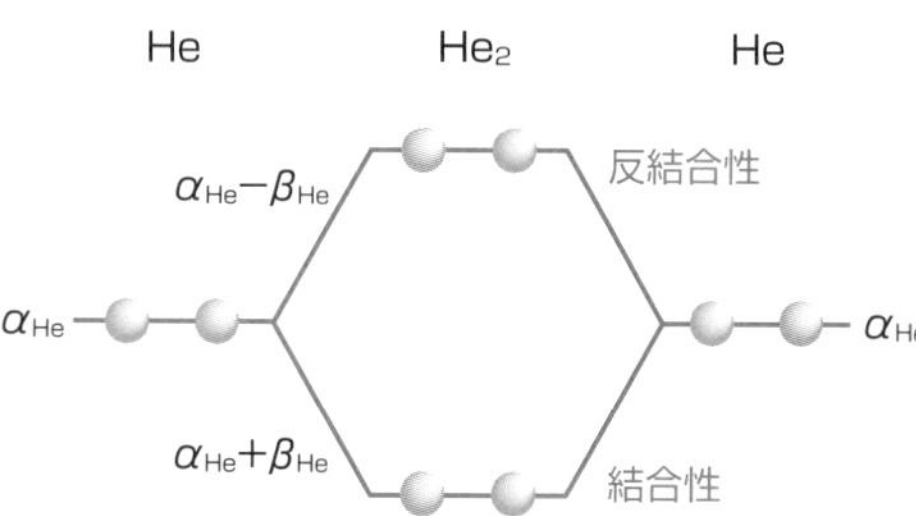

結合後　$E=2(\alpha_{He}+\beta_{He})+2(\alpha_{He}-\beta_{He})=4\alpha_{He}$
結合前　$E=4\alpha_{He}$

$\Delta E=0$（結合エネルギー＝0）

水素分子イオンは結合できるのか？

一般に原子から電子が取れた、あるいは原子に電子が加わったものをイオンと言います。しかし、イオンは原子だけからできるものではありません。分子もイオンになることができます。このように、分子がイオンになったものを一般に分子イオンと言います。

H_2^+は存在できるか？

H_2^+は水素分子の陽イオンです。要するに水素分子H_2から電子が1個放出されたものです。水素分子陽イオンは不安定ですが存在することが知られています。このイオンの結合エネルギーはどうなるのでしょう？　分子軌道法を使えば、H_2^+が存在できることは説明できるのでしょうか？

図はH_2^+の電子配置です。H_2^+ではH_2から電子が1個無くなったのですから、イオンが持っている電子は1個です。この電子は当然、結合性軌道に入ります。その結果、結合エネルギーは$\varDelta E=\beta$となります。

ここで重要なことは「❶結合エネルギーが発生している」「❷しかし、H_2に比べて半分である」ということです。

この結果、次の推定ができます。「❶結合エネルギーがあるので、このイオンは安定に存在できる」「❷しかし、結合エネルギーがH_2より小さいので、H_2より不安定であり、結合距離もH_2より長い」

この推定はいずれも実験によって正しいことが証明されています。

●H_2^+の電子配置

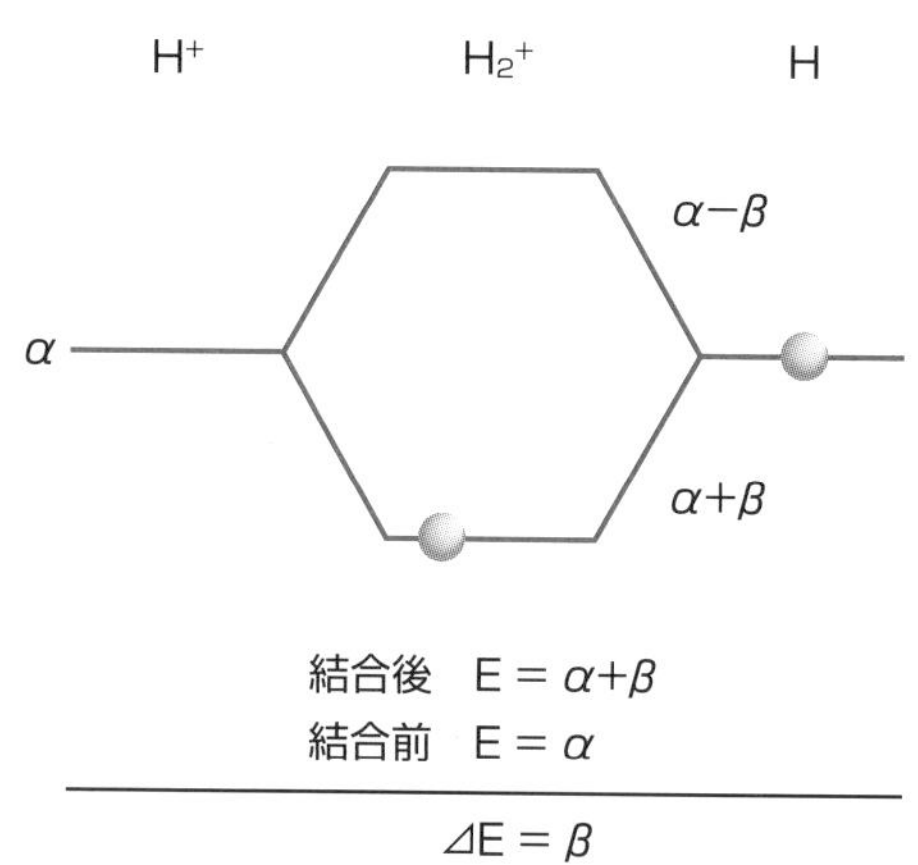

H_2^-は存在できるか?

H_2^-は水素分子陰イオンであり、水素分子に1個の電子が加わったイオンです。したがって電子の総数は3個です。

図は、このイオンの電子配置です。重要な点は、電子が結合性軌道だけでは入りきらず、反結合性軌道にも入っていることです。この結果、結合エネルギーは水素分子陽イオンの場合と同じように$\Delta E=\beta$となります。したがってこのイオンの存在可能性、性質はH_2^+の場合と同じようになります。

分子軌道法を使えば、分子の性質、強度、反応性を定量的に予言、推定することができます。ここで見た例は簡単な例ですが、

●H_2^-の電子配置

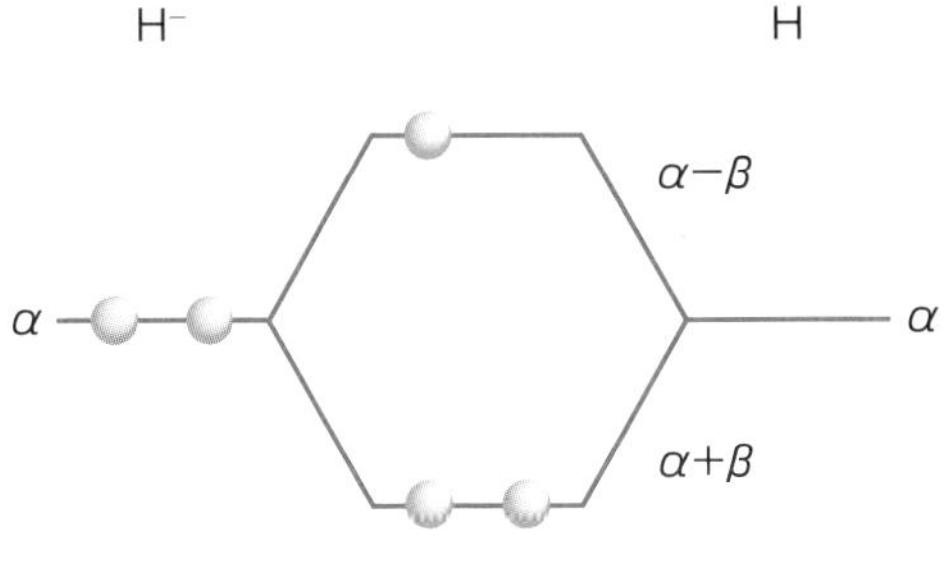

H^-　　H

$\alpha-\beta$

α　　α

$\alpha+\beta$

結合後　$E=2(\alpha+\beta)+2(\alpha-\beta)=3\alpha+\beta$

結合前　$E=3\alpha$

$\Delta E=\beta$

大型のコンピューターを使って大量の計算を行えば、未知の分子の存在可能性、未知の化学反応の結果予測などが可能となります。これが計算化学と言われる研究分野なのです。

Chapter. 7
共有結合と混成軌道

SECTION 33

メタンCH_4の結合状態

原子を繋いで分子にする化学結合にはイオン結合、金属結合などいろいろの種類がありますが、共有結合は、ほとんど全ての有機化合物を構成する結合として、最も重要な結合と言ってよいでしょう。前章で共有結合の分子軌道とエネルギーを見てきました。共有結合のもう1つの側面は分子の構造、形を支配するということです。

メタンの形

以前は有機化合物とは、デンプンやタンパク質のように生命体が作る化合物のことを言いました。しかし、その後、多くの有機化合物が人工的に作ることができると明らかになり、現在では有機化合物とは炭素を含む化合物のうち、一酸化炭素COや二酸化炭素CO_2のように簡単ではない構造の分子一般をさすようになりました。

有機化合物の基本的なものは炭素と水素だけからできた炭化水素です。炭化水素には炭素数1個のメタンCH_4から炭素数が1万を越えるポリエチレンまで無数と言ってよいほど多くの種類がありますが、中でも最も簡単な構造で、それだけに典型的な炭化水素と言ってよいのがメタンです。メタンは家庭に送られてくる都市ガスである天然ガスの主成分として知られています。

メタンは1個の炭素原子に4個の水素原子が結合したものです。その形は座布団のような正方形ではなく、海岸においてある波消しブロックの様な正四面体であることが明らかになっています。そして4本のC－H結合は全て完全に等しいことも明らかになっています。

●メタンの構造

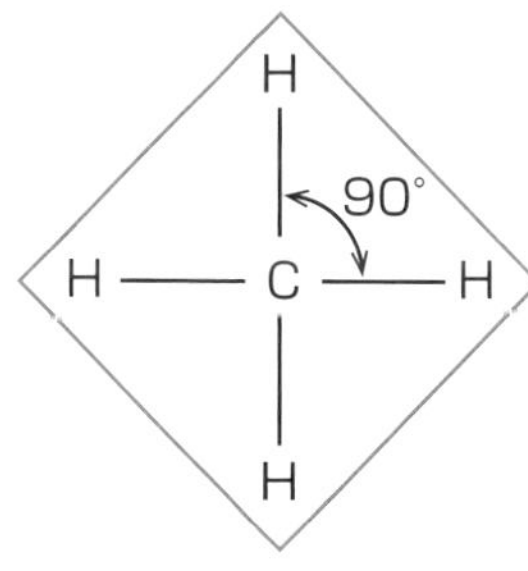

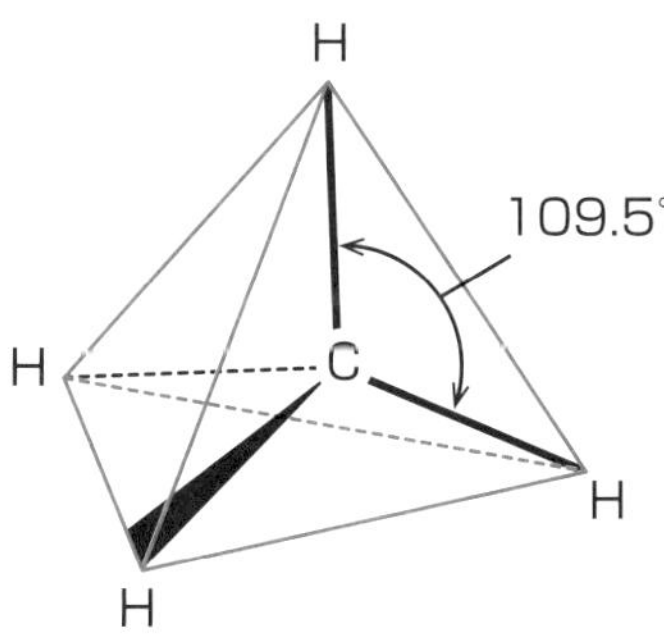

メタンの結合

メタンの結合がどうなっているかを見てみましょう。結合を考える場合には原子の電子配置を考えなければなりません。先に見たように、水素は1s軌道に1個の電子を持っています。それに対して炭素は1s軌道に2個、2s軌道に2個、そして2個のp軌道に1個ずつ、合計6個の電子を持っています。このうち、結合に関係するのは最外殻に入っている価電子だけですから、炭素の結合に関係する電子は2s軌道と2p軌道に入っている4個の電子だけとなります。

前章で見たように共有結合を作ることのできる軌道は不対電子の入った軌道だけで

●メタンの結合

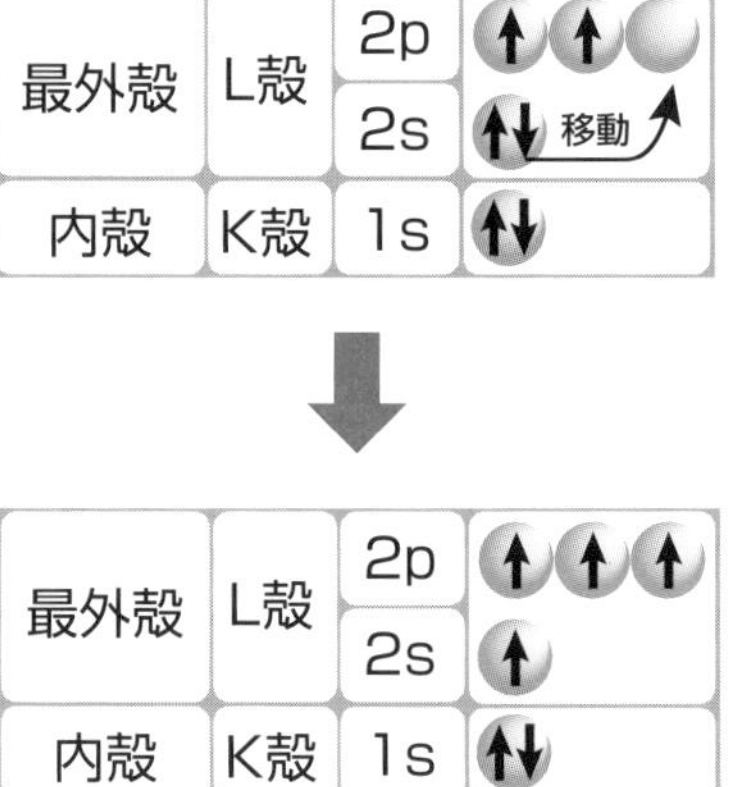

すので、炭素の場合には2個の2p軌道だけということになります。しかしこれでは4個の水素と結合することはできません。4本の共有結合によって4個の水素と結合するためには、不対電子の入った4個の軌道を用意する必要があります。

どうしましょう?　仕方ありません。2s軌道の2個の電子のうち、1個だけ2p軌道に移動してもらいましょう。これで不対電子の入った軌道が4個になりました。4個の水素と結合してCH_4となることができます。

しかし困ったことが起きます。それは4本のC－H結合のうち、3本はp軌道を使っていますが残り1本は、s軌道を使わざるを得ません。これではC－H結合が2種類あることとなります。これでは「全てのC－H結合が等価」という実験事実に合いません。

SECTION 34 混成軌道

炭素原子の結合を考える場合に必ず遭遇するのが前項のような問題です。この問題を解決するには混成軌道を用いると便利です。混成軌道というのはs軌道、p軌道という旧来の原子軌道のいくつかを原料として新たに再編成して作る新規な軌道のことを言います。

軌道の混成

混成軌道とは、複数種類、複数個の原子軌道を再編成(混成)して新たな再編成軌道(混成軌道)作ることです。

混成軌道の説明には、ハンバーグの例を用いるのが便利です。お肉屋さんで、豚肉のハンバーグの価格が1個100円、松坂牛肉使用のハンバーグが300円だったとします。4人家族のお母さんは松坂牛肉ハンバーグを4個買いたかったのですが、売り切れていて3個しかありませんでした。仕方なく、松坂牛肉ハンバーグ3個と豚肉ハンバーグ1個を買いました。

こうなると、誰が豚肉ハンバーグを食べるかが問題になります。働いて帰ってきたお父さんにだけ豚肉ハンバーグを食べさせるのも気の毒ですし、お母さんも嫌です。そこで、この4個のハンバーグを混ぜた後に4等分して4個の合挽きハンバーグにしました。これで家族みんなが同じハンバーグを食べることになりました。

もちろん、豚肉ハンバーグがs軌道、松坂牛肉ハンバーグがp軌道です。そして合挽きハンバーグが混成軌道です。これはs軌道が1個、p軌道が3個からできた混成軌道なのでsp^3混成軌道と言われます。

混成軌道のエネルギーと形

さて、合挽きハンバーグ1個の価格はいくらでしょうか？　もちろん(300×3+100)/4=250で1個250円です。この価格は各混成軌道のエネルギーを反映しています。つまり、混成軌道の軌道エネルギーは軌道混成に関与した原料軌道の軌道エネルギーの(加重)平均なのです。

合挽きハンバーグは混成原料を4等分したのですから、重さは4個みな同じです。また、形も一応ハンバーグですから全て同じです。この例えは混成軌道にも当てはまります。sp^3混成軌道は4個あり、全て同じ形で同じエネルギーなのです。

図にsp^3混成軌道の形、配向(方向)、電子配置を示しました。p軌道の形は有機化学の慣例にならって細身にしてあります。大切なのは4個

●sp^3混成軌道の形

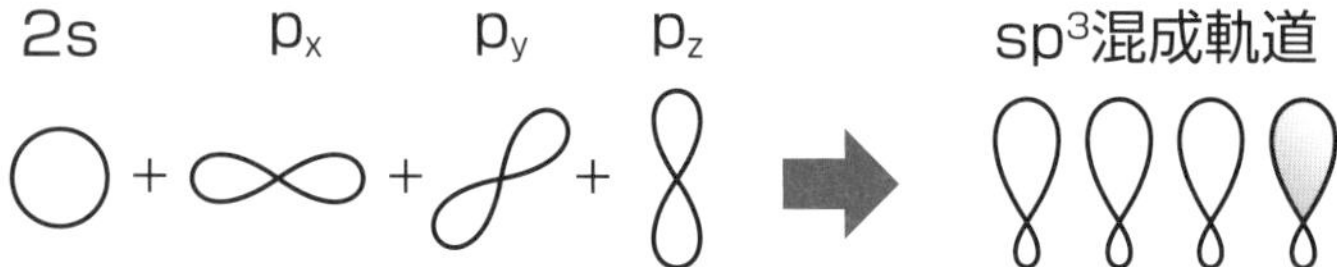

●sp^3混成軌道の配向(方向)

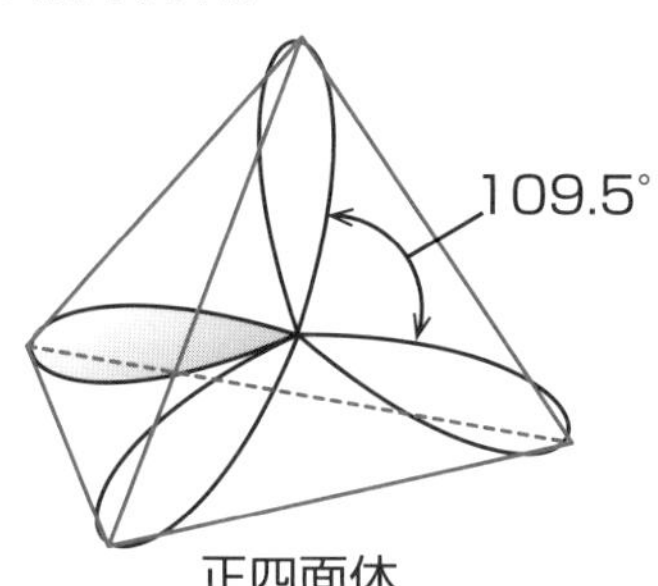

のsp^{3}混成軌道が互いに１０９・５度の角度で交わり、この結果、正四面体を形成していることです。４個のL殻電子は４個の混成軌道に１個ずつ入って不対電子となっているので、これで４個の混成軌道は全て共有結合を作ることができることになります。

●sp^{3}混成軌道の電子配置

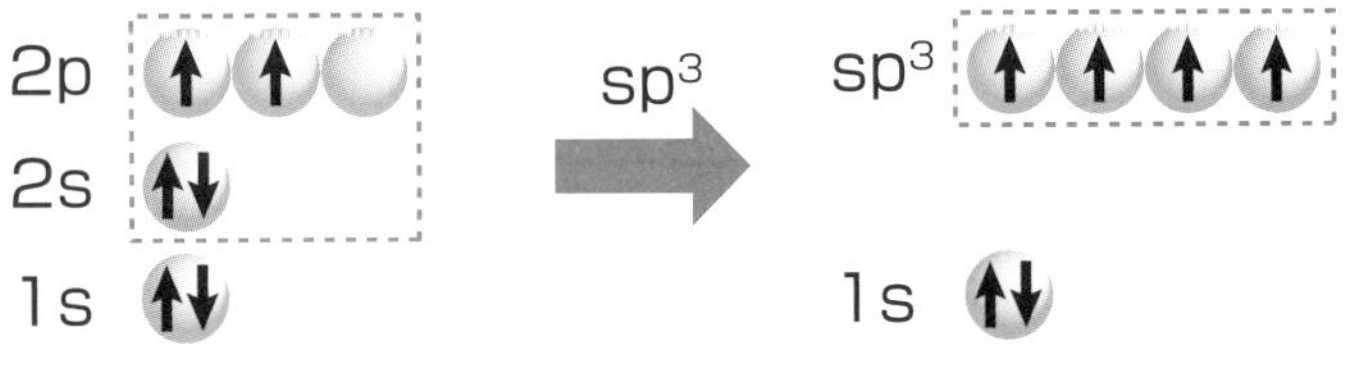

2p
2s
1s
sp^3
sp^3
1s

SECTION 35

sp^3混成軌道の結合

sp^3混成軌道は最も基本的な混成軌道です。多くの原子がこの混成軌道を使って結合しています。

メタンの結合

メタンではCの4個のsp^3混成軌道にHの1s軌道が重なります。Cの混成軌道に入っている1個の電子とHの1s軌道の1個の電子が一緒になって結合電子になるので、この結合は共有結合です。

●メタンの結合

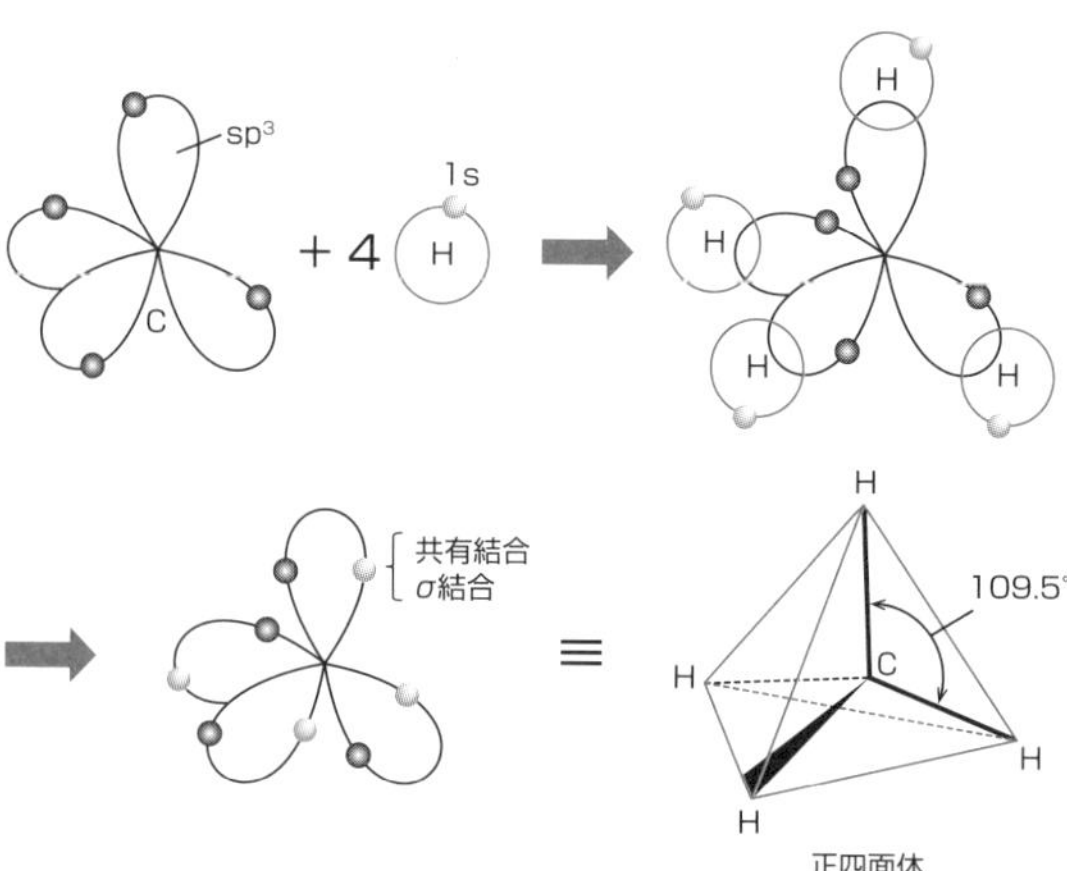

この結果、C－H結合の角度は混成軌道の角度と同じ109.5度となり、メタンの形は正四面体形となります。これは海岸に並ぶ波消しブロックに似た形です。

アンモニアNH_3の結合

アンモニアNH_3の窒素原子Nはsp^3混成軌道を作っています。その電子配置は図の通りです。つまり、4個のsp^3混成軌道にL殻の5個の電子が入るので、1個の混成軌道には2個の電子が入ってしまいます。これは先に見た非共有電子対です。

残り3個の軌道には電子が1個ずつ入り、不対電子となります。したがってNは4個のsp^3混成軌道のうち、共有結合の作製に使うことができるのは3個だけとなります。

●アンモニアの電子配置

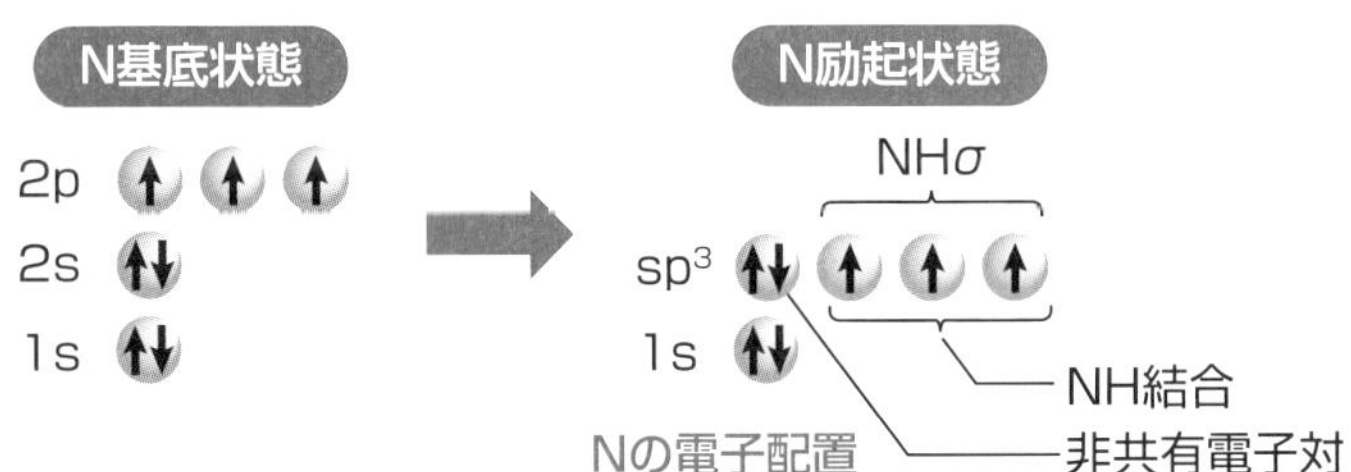

図はNH_3の結合状態を表したものです。Nの4個の混成軌道のうち1個は不対電子となり、残り3個の軌道にHが結合します。分子の形は原子を線で結んだ形で表します。電子、非共有電子対は考慮されません。したがってアンモニア分子の形は底面だけが正三角形の三角錐ということになります。

水H_2Oの結合

H_2OのOもsp^3混成状態であり、4個の混成軌道のうち

●アンモニアの結合

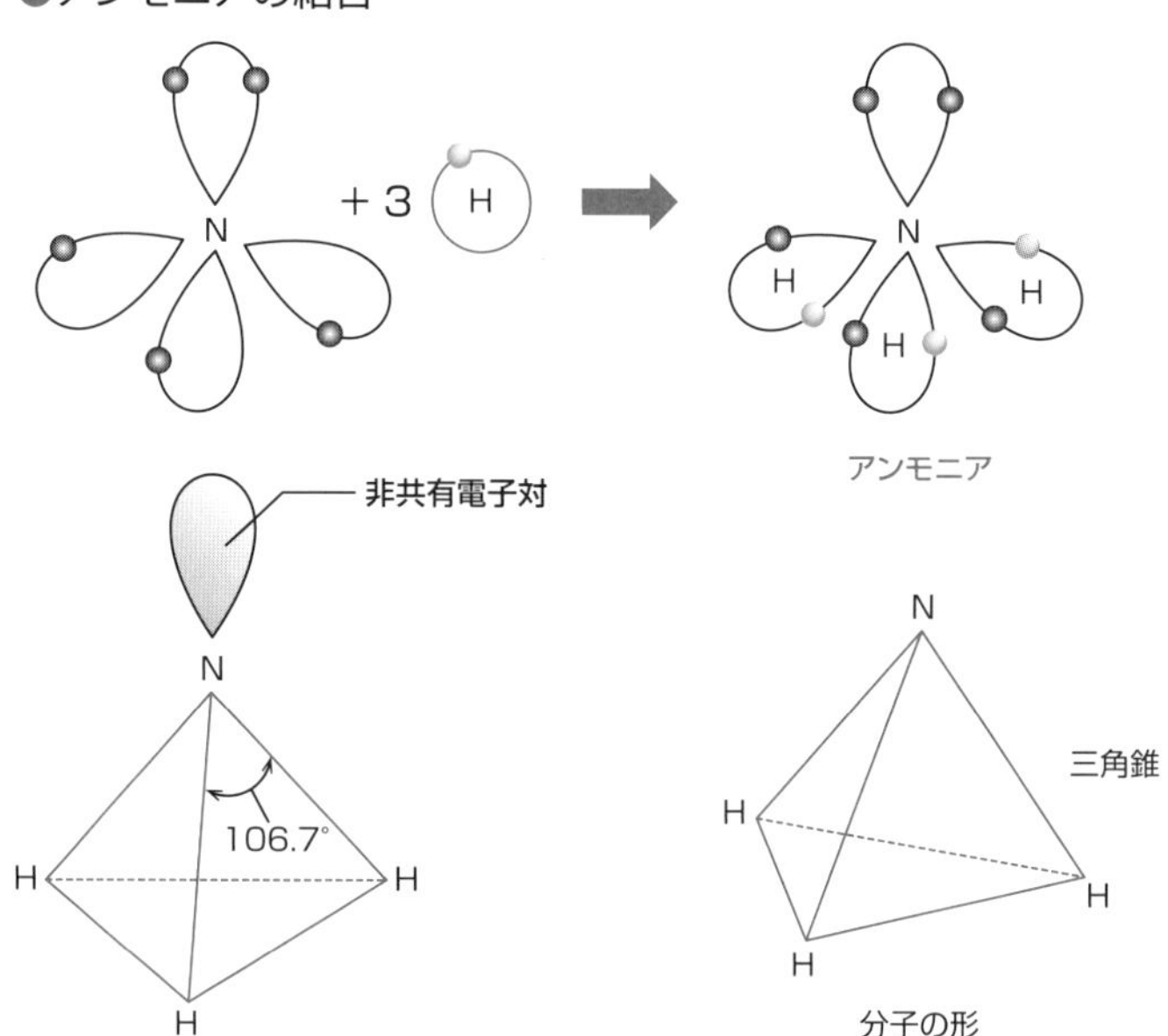

2個は非共有電子対によって占められています。この結果、Hと結合できる混成軌道は2個だけとなります。この軌道に2個のHが結合した結果、基本的に∠HOHが109・5度の角度で曲がったH_2O分子ができたのです。

3個の原子からできた水分子が一直線の形でなく、くの字形に曲がっているのはこのような理由によるものなのです。

●水の電子配置

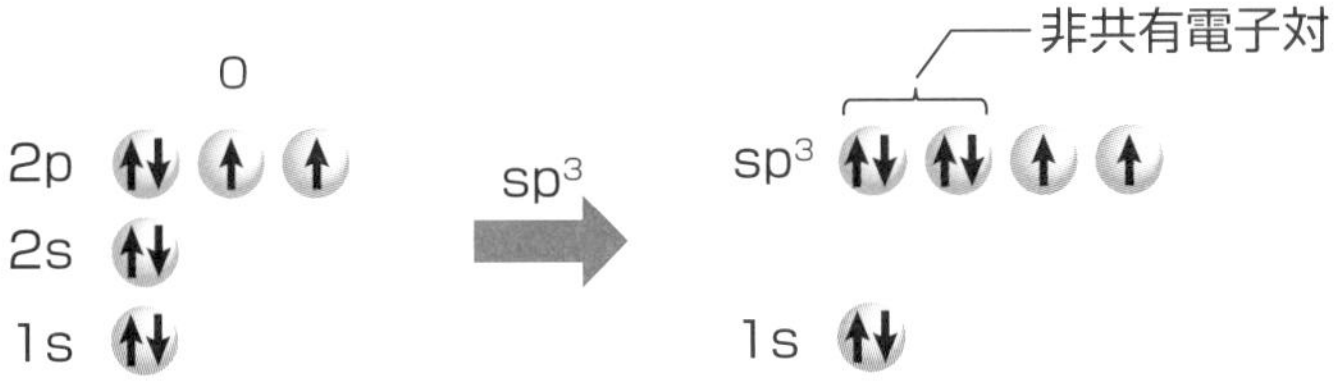

●水の結合

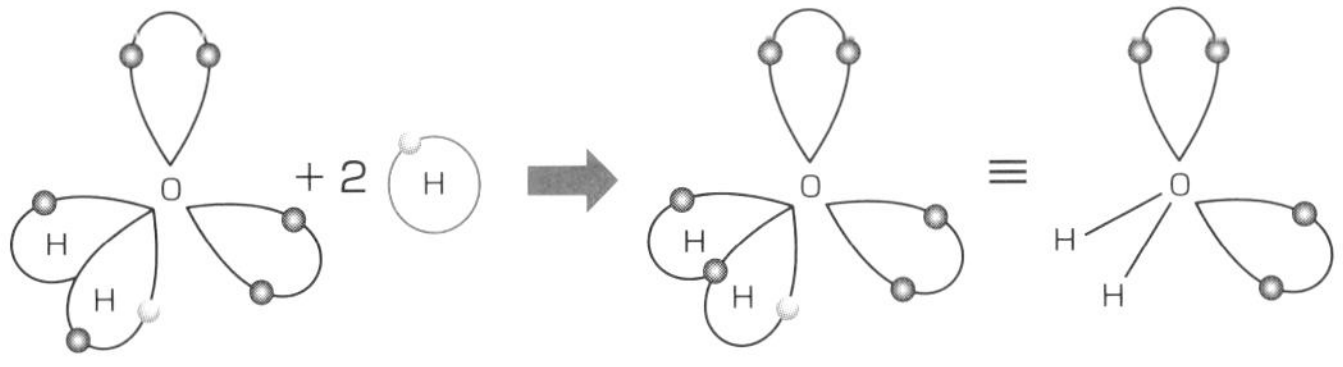

sp^2混成軌道

有機化合物では炭素間の結合が重要な働きをします。炭素間の結合には一重結合C－C、二重結合C＝C、三重結合C≡Cの3種類があります。中でも、有機化合物の性質、反応性に大きな影響をもたらすのは二重結合です。そのC＝C二重結合を作る軌道が炭素のsp^2混成軌道なのです。sp^2混成軌道は1個の2s軌道と2個の2p軌道からできた混成軌道です。

sp^2混成軌道の形とエネルギー

sp^2混成軌道は、1個の2s軌道と2個の2p軌道からで

●sp^2混成軌道の電子配置

原子価状態

p_x p_y p_z

2p ↑ ↑ ○

2s ↑↓

1s ↑↓

→

Sp^2混成状態

p_z

2p ↑

2s ↑ ↑ ↑

1s ↑↓

きた軌道です。したがって、3個ある2p軌道のうち、混成軌道に使われるのは2個だけですから、1個は2p軌道のまま残ります。実はこの残った2p軌道が二重結合にとって非常に重要な役割を演じるのですが、それは次節で見ることにしましょう。

sp^2混成軌道のエネルギーは1個の2s軌道と2個の2p軌道の平均になります。したがって、sp^3混成軌道のエネルギーよりもs軌道に近い、すなわちsp^3混成軌道より低エネルギーということになります。1個のsp^2混成軌道の形はsp^3混成軌道とほぼ同じです。問題は3個のsp^2混成軌道の配置です。混成に関与した2

●sp^2混成軌道の形

●sp^2混成軌道の配置

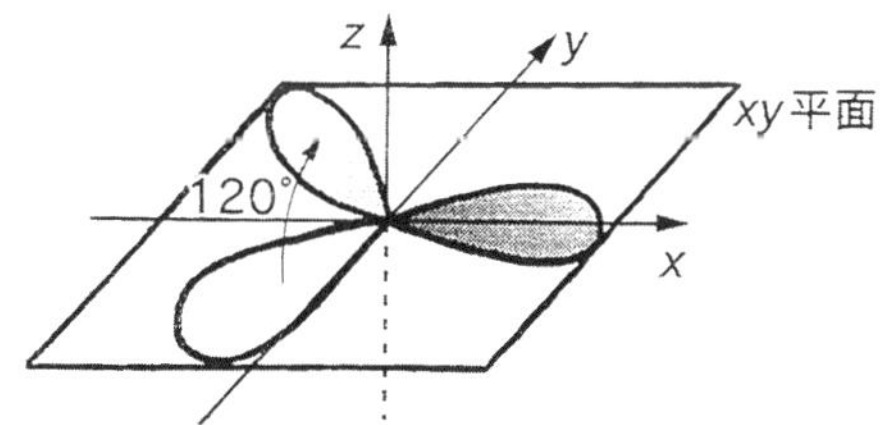

個のp軌道をp_xとp_y軌道とすると、3個の混成軌道はxy平面上に存在し、互いの角度は120度となります。

sp^2混成状態の炭素

sp^2混成状態の炭素には3個のsp^2混成軌道とともに、混成に関与しなかったp軌道が残っています。先に見たように、混成に関与した軌道がp_xとp_y軌道なら、残っているp軌道はp_z軌道となります。これは、残っているp_z軌道は混成軌道が乗るxy平面を垂直に貫いていることを意味します。この関係を直交と言います。この炭素を図に示しました。混成軌道と残った2p軌道の関係は次節で見るように、C＝C二重結合を作る際に非常に重要なこととなります。

なお、図を見やすくするため、残ったp軌道は細身に書くことが多いので注意してください。

●sp^2混成状態の炭素

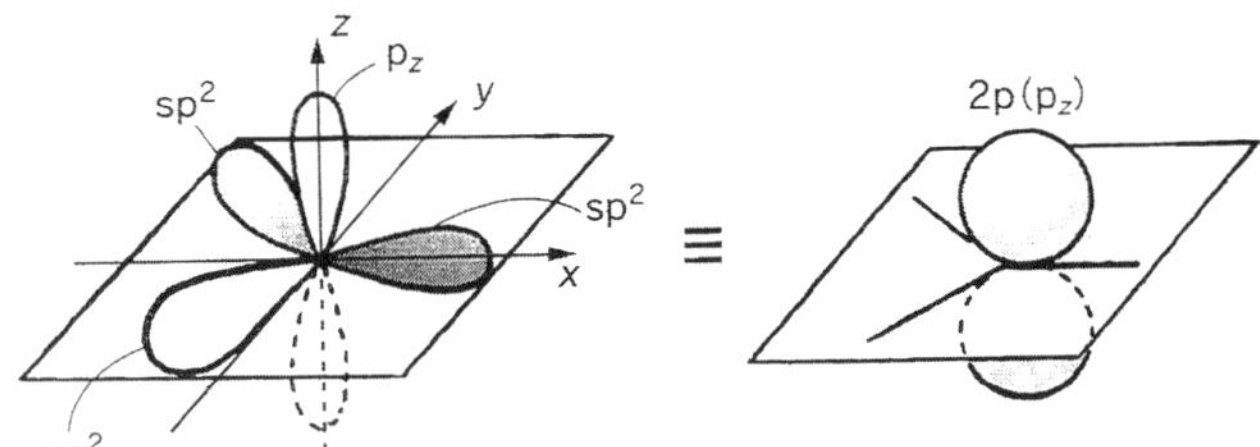

SECTION 37

エチレン$H_2C=CH_2$の結合

sp^2混成状態の炭素が作る典型的な化合物がエチレンです。エチレンは混成軌道が全ての$C-C$、$C-H$ σ（シグマ）結合を作り、混成に関与しなかった2p軌道がπ（パイ）結合を作って二重結合を完成します。エチレンは植物の熟成ホルモンとして知られています。バナナは産地で収穫するのは未熟性の青い状態です。このバナナに輸送中にエチレンを吸収させると追熟して黄色いバナナになります。

σ骨格

有機化合物において二重結合は最も重要な結合と言ってよいでしょう。有機化合物の持つ様々な作用、機能のほとんどは二重結合に起因するものと言ってよいくらいです。エチレン$H_2C=CH_2$はそのような二重結合を持つ化合物の典型です。

エチレンは1本のC=C二重結合と4本のC−H一重結合からできています。一重結合は結合を回転させても（ねじっても）、構造も性質も変化しません。このような結合を一般にσ結合と言います。これまでに見てきた結合はH−HもN−HもO−Hも全てσ結合です。σ結合は結合を作る時の原子軌道の重なりが大きく、そのため結合エネルギーも大きく丈夫な強い結合です。そのため、分子の結合のうち、σ結合でできたフレームをσ骨格ということもあります。

二重結合

炭素間にできる結合にはσ結合とπ結合の2種類があります。二重結合はσ結合とπ結合からできた複合結合であり、一重結合はσ結合からできています。エチレンではこれらσ結合の全ては炭素のsp^2混成軌道を基にしてできています。

図Aはエチレンを構成する5個の原子をエチレンの構造にならって並べたものです。このまま軌道を重ねてσ結合とす

●σ骨格（図A）

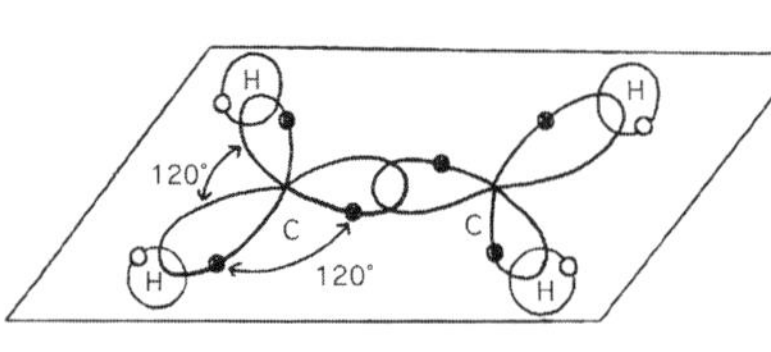

ればエチレンのσ骨格が完成します。つまり、エチレンの5個の原子は全てが同一平面上に並びます。このことはエチレンが平面分子であることを示すものです。

π結合

図Bはσ骨格に、炭素に残っている$2p_z$軌道を書き加えたものです。ただし、見やすいようにσ結合は直線で表しています。みたらし団子の形をした$2p_z$軌道のそれぞれのお団子が、分子平面の上と下で重なっていることがわかります。

これは2本のみたらし団子が横っ腹をくっつけて接着しているのと同じ状態です。このよう結合をπ結合と言います。π結合は軌道の重なりが少ないので、σ結合に比べて結合エネルギーが少なく、弱い結合です。

図Cはσ骨格にπ結合電子雲を書き加えた図です。分子平

●σ骨格+$2p_z$軌道(図B)

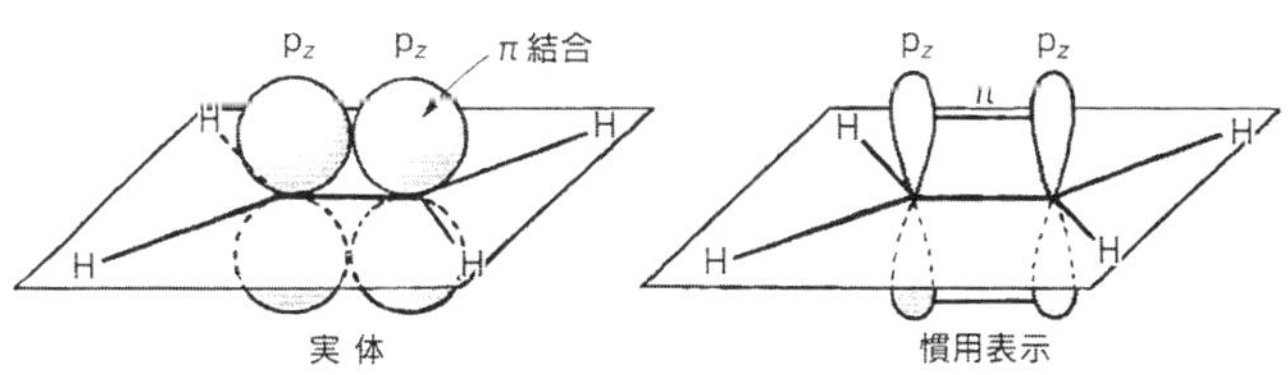

面の上と下に2本のπ電子雲が存在しています。この2本のπ電子雲が揃って初めて1本のπ結合になります。片側だけのπ結合は存在しません。

シス・トランス異性

エチレンのC＝C結合を回転すると、みたらし団子の横っ腹は離れてしまいます。つまりπ結合は切れてしまいます。このように、π結合の特徴は回転できないということです。二重結合はπ結合を含むことから、二重結合は結合回転ができないことになります。そのため、2つの化合物は互いに異なる化合物ということになります。同じ原子が二重結合の同じ側に並ぶ物をシス体、反対側にあるものをとトランス体と言い、化合物を互いにシス・トランス異性と言います。

●σ骨格＋π結合電子雲（図C）

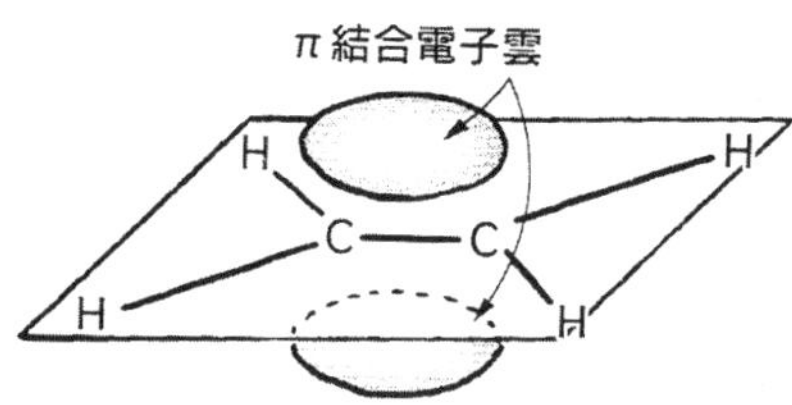

sp混成軌道と分子

sp混成軌道は三重結合を作るための軌道と言ってよいでしょう。C≡C三重結合、C≡N三重結合など全ての三重結合を構成する原子はsp混成状態となっています。

sp混成状態の炭素

sp混成軌道は1個の2s軌道と1個の2p軌道からできた軌道です。したがって、混成軌道を作る2p軌道をp_xとすると、残り2個のp軌道、p_yとp_z軌道はp軌道のまま存在します。混成軌道は2個できますが、成分としてx方向性分子しか持ってい

●sp混成状態の炭素

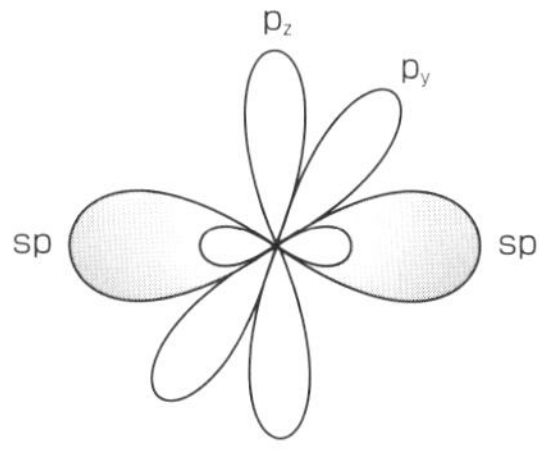

●sp混成軌道の電子配置

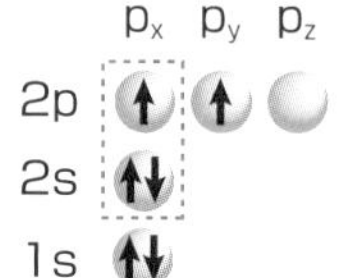

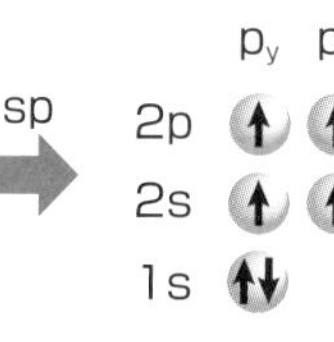

ませんから、2個の混成軌道はx軸上で互いに逆方向を向くことになります。そしてこの軌道に直行するように2個のp軌道が存在します。

アセチレンHC≡CHの結合

アセチレンはsp混成炭素の作る典型的な化合物です。2個のHと2個のsp混成炭素がH−C−C−Hと一直線上に並んでσ結合を作ります。この結果、アセチレンは一直線状の分子ということになります。そして、2個のC原子上のp_x軌道同士、p_y軌道同士がそれぞれ重なって合計2本のπ結合を作ります。この結果、C−C間は1本のσ結合と2本のπ結合とによって三重に結合されることになります。この2本のπ結合電子雲は互いに流れ寄って円筒状の電子雲になると言われています。

●アセチレンHC≡CHの結合

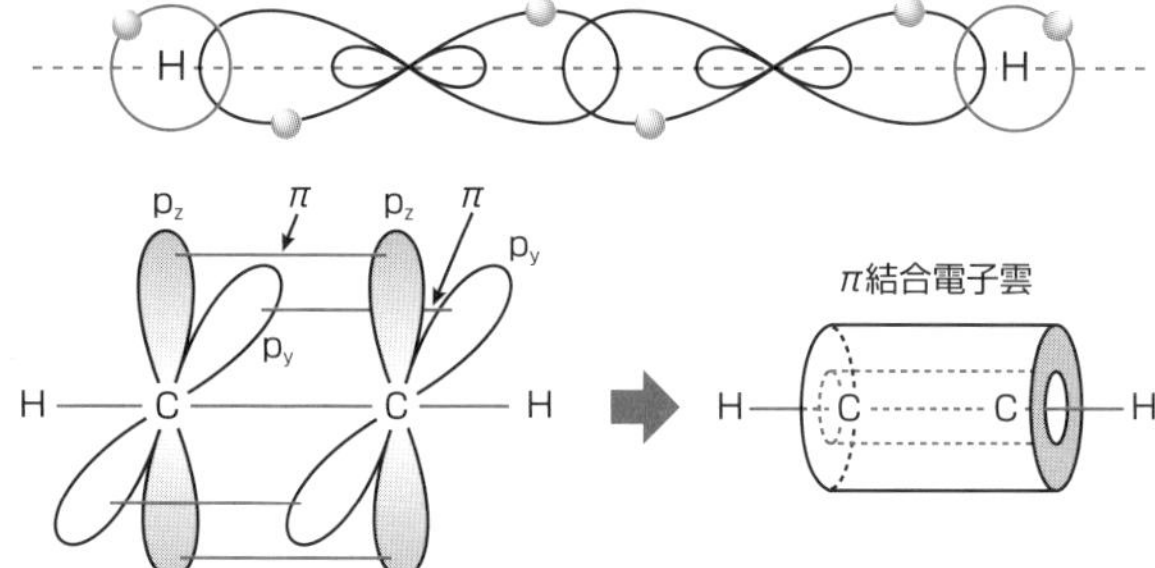

Chapter.8
さまざまな分子の結合と性質

SECTION 39

等核二原子分子の結合

水素分子H_2、フッ素分子F_2、酸素分子O_2、窒素分子N_2などのように、2個の同じ原子からできた分子のことを等核二原子分子と言います。このうち、水素分子の結合については先に見ましたから、今度はフッ素、酸素、窒素分子について見てみましょう。

軌道の重なりによる結合

まず、各分子において軌道がどのように重なっているかを見てみましょう。

❶ F－F分子　一重結合

図に示したように、フッ素原子の3個のp軌道のうち2個には電子対が入り、不対電子が入っているのはただ1個、p_x軌道だけです。そのため2個のフッ素原子はp_x軌道を重ねることによってσ結合を作って結合します。このようにσ結合だけでできた結合を一重結合あるいは単結合と言います。

❷ O=O分子　二重結合

酸素原子は2個のp軌道に合計2個の不対電子を持っているので、2本の共有結合を作ることができます。不対電子の入っている軌道はp_xとp_y軌道です。したがって2個の酸素原子が近づくと、p_x軌道でσ結合を作り、p_y軌道でπ結合を作る

●軌道の重なりによる結合

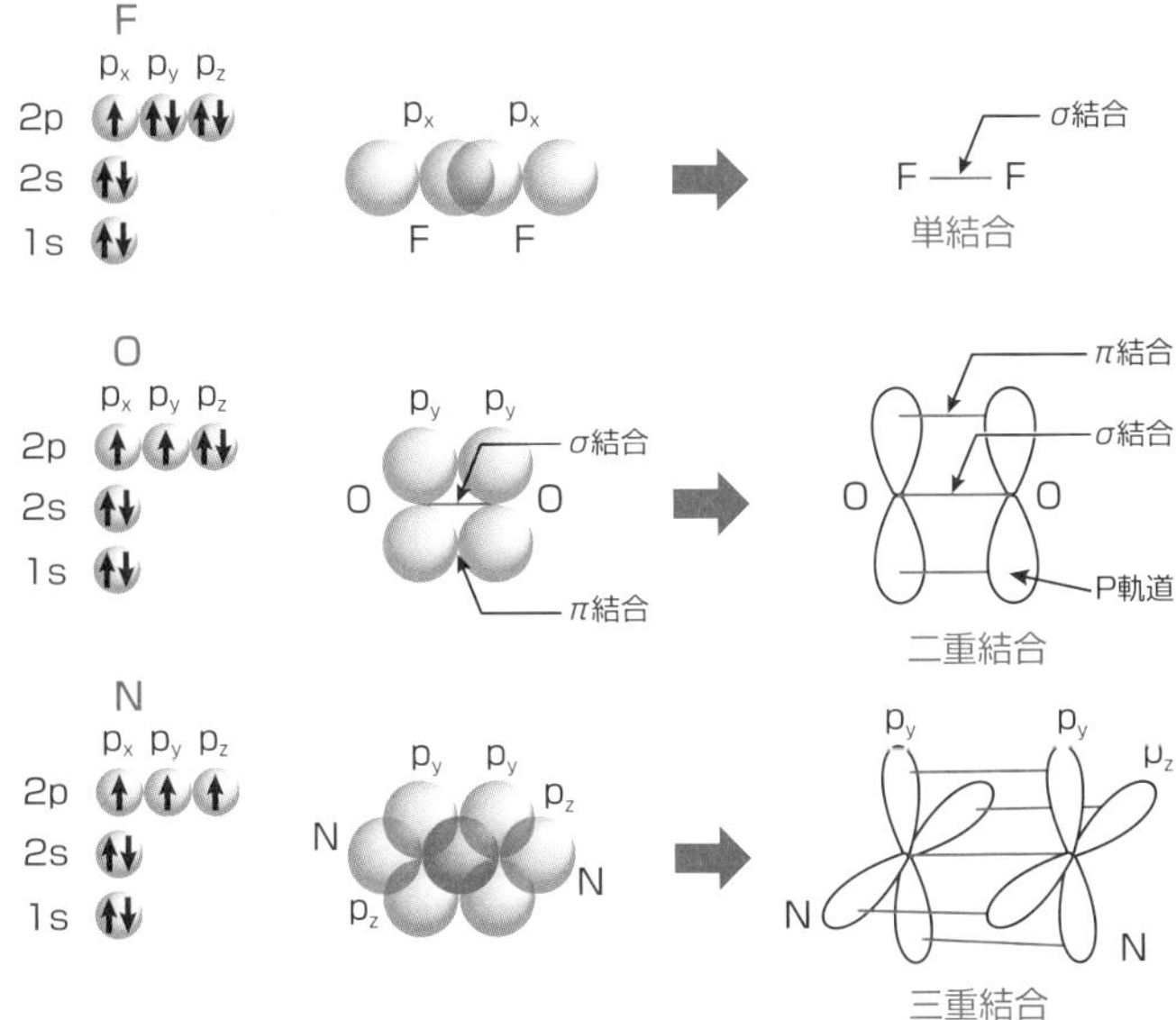

ことになります。

このため、酸素分子の結合は1本のσ結合と1本のπ結合からなる二重結合ということになります。なお、図では見やすくするためにp軌道を細身に書き、π結合は2個のp軌道を横線で結んで表してあります。

❸ N≡N分子　三重結合

窒素原子の3個のp軌道には全て不対電子が入っています。そのため窒素原子は3本の共有結合を作ることができます。その様子は図で示した通りです。つまり、p_x軌道がσ結合を作ります。複雑なのはπ結合部分です。すなわち、π結合は互いに平行なp軌道の間で構成されます。したがってp_yとp_y、p_zとp_zの間にそれぞれ1本ずつ、合計2本のπ結合が構成されることになります。

このように1本のσ結合と2本のπ結合とで三重に結合した結合を三重結合と言います。全ての三重結合は、このように1本のσ結合と2本のπ結合でできています。それ以外の三重結合はありません。

第二周期元素の軌道相関

前節では分子の結合を軌道の重なりの面から見ました。ここではエネルギーの面から見ることにしましょう。分子のエネルギーを考える場合には軌道相関を明らかにしなければなりません。

軌道相関

図は周期表における第2周期元素の原子間に起こる軌道相関をまとめたものです。

❶ s軌道相関

●第2周期元素の原子間に起こる軌道相関

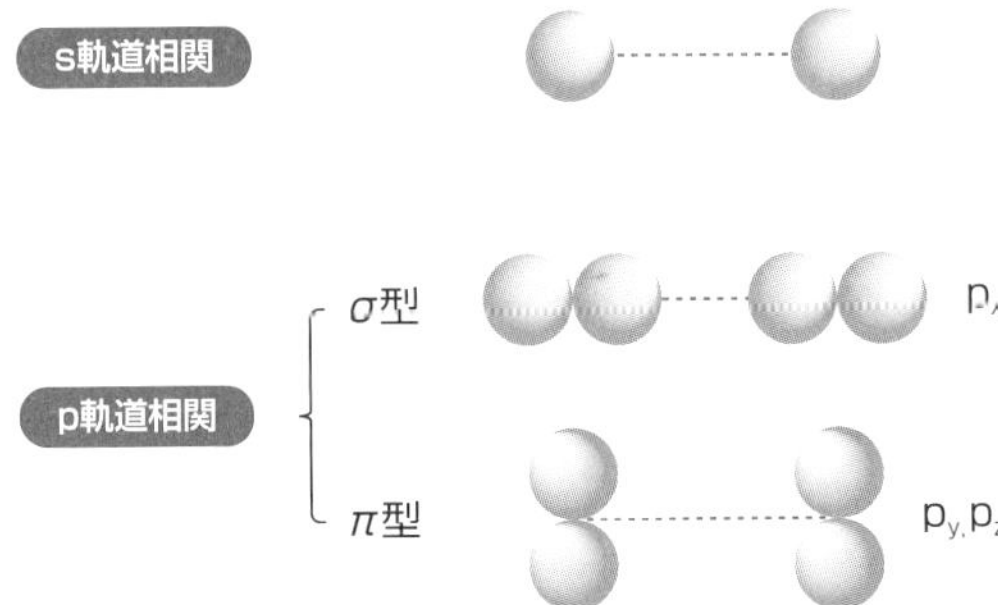

一般に有効な軌道相関はエネルギーの近い軌道の間で起こります。最も有効な相関は、エネルギーの同じ軌道同士の相関、つまり1s－1s、2s－2s、2p－2p軌道間で起こることになります。先に水素分子の項で見たように、s軌道の相関ではそれぞれ結合性と反結合性の軌道ができますが、この相関はσ結合を表すものになります。相関の結果、結合性σ軌道と反結合性軌道ができますが、図では反結合性軌道には＊をつけて「σ*（シグマスター）」としてあります。

❷ p軌道相関

2p軌道の相関にはσ結合を作るものとπ結合を作るものの2種類の相関があります。それぞれの相関の仕方は図にまとめたとおりです。

結合エネルギー

先に見たように、σ結合とπ結合ではσ結合のほうがエネルギーが大きく、強い結合です。ということはエネルギー分裂の度合いもσ結合の方が大きいということになります。π結合を与える相関はp_y同士とp_z同士によるものの2種類がありますが、2つの相関は方向が異なるだけなので、エネルギー的にはまったく等しいです。以上のことを考慮すると軌道相関図は次のようになります。

●軌道相関図

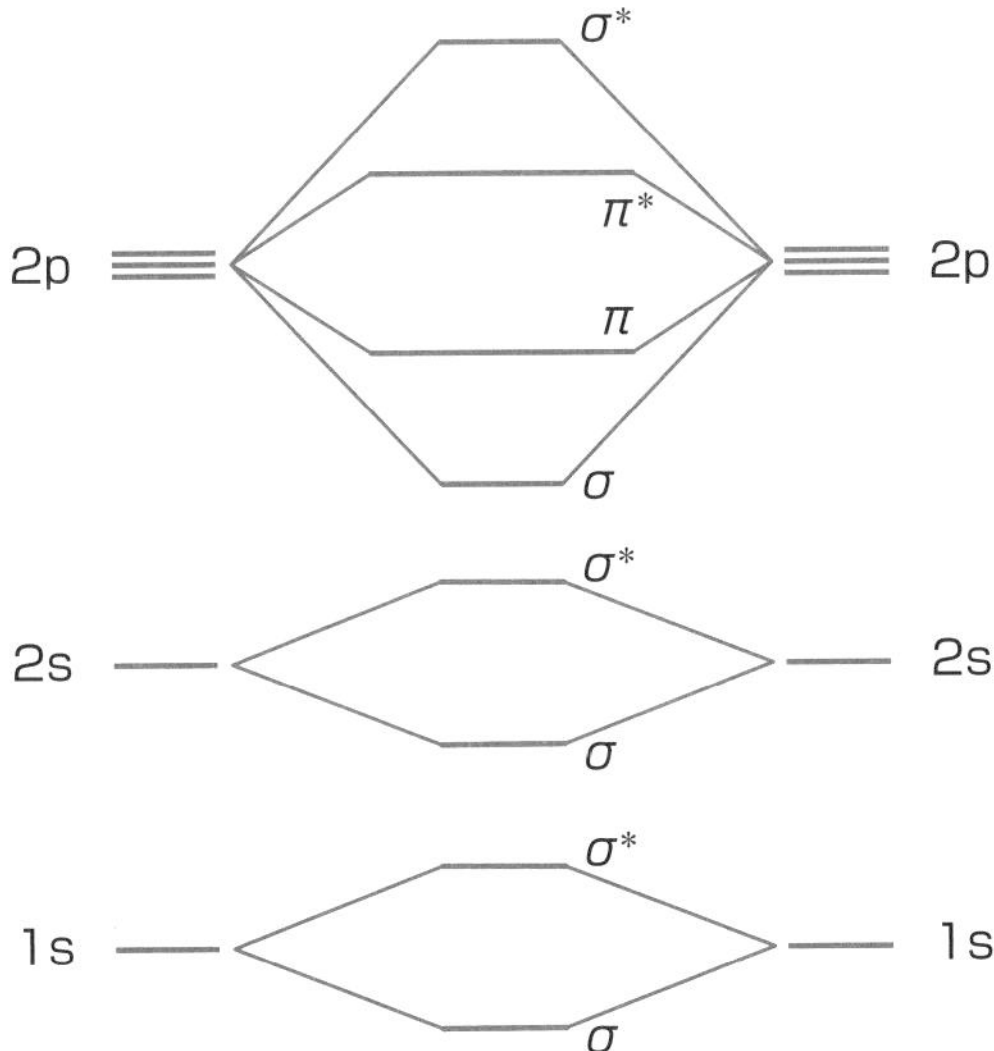

SECTION 41

結合エネルギー

具体的な分子の結合状態を表すには、前項の軌道相関図に電子を入れていけば良いだけです。

N_2の電子配置

窒素原子は1s軌道に2個、2s軌道に2個、そして2p軌道に3個の電子を持っています。これらの原子軌道の電子を分子軌道の軌道相関図に移しましょう。

●N_2の軌道相関

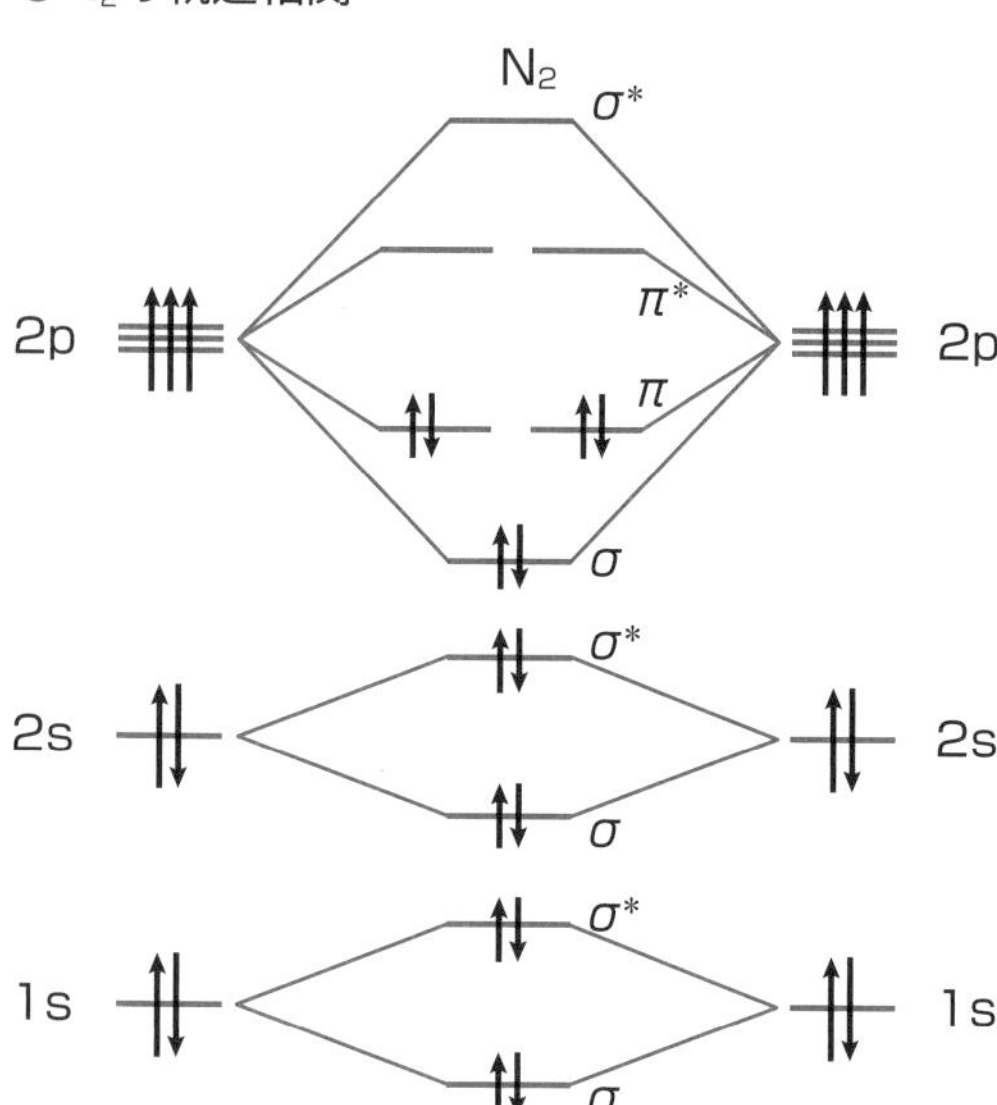

1s、2sのs軌道に関係した分は、ヘリウムの場合と全く同じように、結合性軌道、反結合性軌道の両方に電子が入るので、相殺されて結合エネルギーは0となります。

結局残るのはp軌道の相関に基づくものだけとなります。電子が入っているのは1本のσ結合と2本のπ結合の部分であり、これは窒素分子では1本のσ結合と2本のπ結合が形成されていることを示します。つまり三重結合を意味するものであり、第1項で見た結果と同じ結論になります。

O_2の電子配置

酸素原子はp軌道に4個の電子を持っています。この結果、p軌道の相関からできた分子軌道に合計8個の電子が入ることになります。しかし、結合性軌道はσ結合1本とπ結合2本の合計3本しかなく、6個の電子しか収容できません。したがって、2個の電子は反結合性軌道に入らざるを得ないことになります。

❶ 二重結合

反結合性軌道のうち、エネルギーの低いのはπ結合に基づくものであり、この軌道はエネルギーが等しい軌道が2個あります。このような場合には先に炭素原子の電子配置で見たのと同じ現象が起こります。すなわち、電子のスピン方向を同じにするため、電子は2個の軌道に1個ずつ入るのです。

その結果、酸素の電子配置は図のようになります。結合性のπ結合の1本（電子2個分）は、2個の反結合性軌道に入った2個の電子によって相殺されるのです。この結果、酸素の結合はσ結合が1本とπ結合が1本の二重結合ということになります。

●O_2の軌道相関

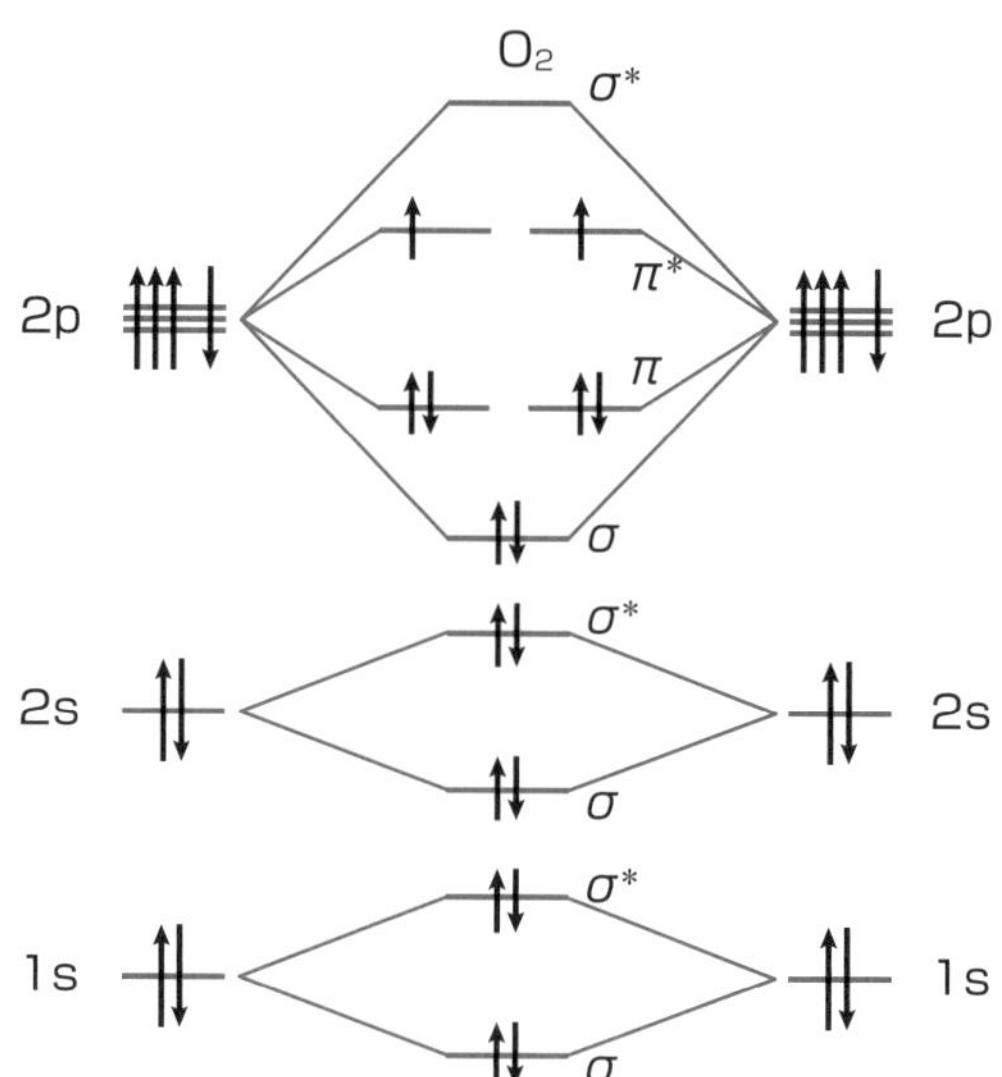

❷ 反応性

酸素分子の結合が二重結合であることはなにも軌道相関を考えなくともわかることです。軌道相関という煩わしいことを考えたからには、何か見返りが欲しいものです。それがあるのです。

この考察で酸素分子は、2個の反結合性π軌道に2個の不対電子を持つことがわかりました。不対電子は共有結合を作る能力のある電子であり、一般に不安定であり、他の不対電子と対を作って結合しようとします。そのため、不対電子を持つ分子種は一般にラジカルと呼ばれ、高い反応性を持つことが知られています。

酸素分子は、このような不対電子を2個も持っています。このような分子種はジラジカルと呼ばれ、激しい反応性を持つことが知られています。酸素分子の高い反応性は、このようなことによるものと考えることができます。

❸ 常磁性

一般に電子はスピンすると磁気モーメントを発生し、磁石の性質を持つことになります。磁気モーメントの方向はスピンの方向によるため、スピン方向の異なる電子の組みからなる電子対では磁気モーメントは相殺されて、磁性は失われます。そのため、一般の分子は磁性を持ちません。

しかし、酸素分子ではスピン方向が一緒の2個の不対電子を持っています。そのため、酸素分子は磁性を持つことになります。すなわち、液体酸素は強い磁石に引き寄せられるのです。このような性質は鉄と同じであり、常磁性と呼ばれます。常磁性は酸素分子の大きな特徴です。

●F_2の分子軌道

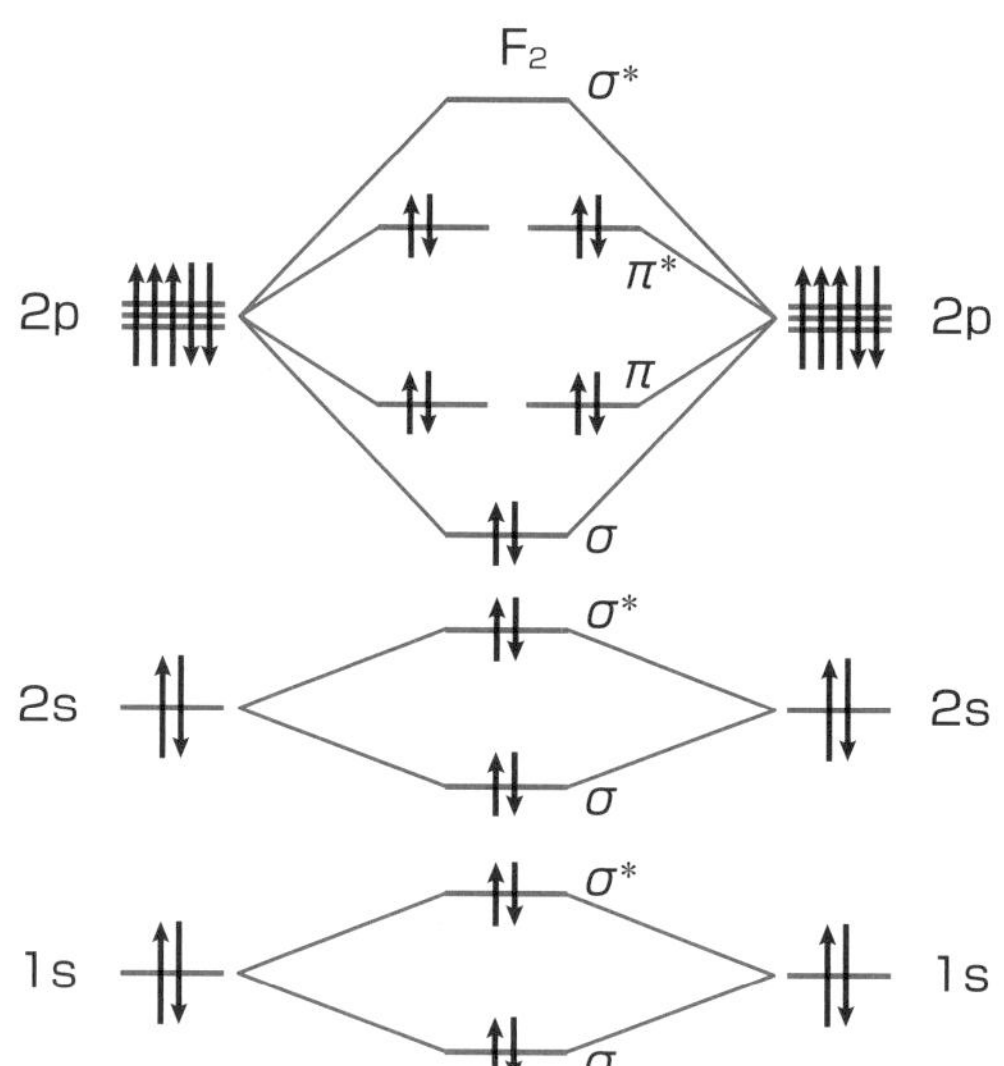

F_2の電子配置

フッ素分子の電子配置は、酸素分子の電子配置に更に2個の電子が加わったものです。この電子は反結合性π軌道に入ります。この結果フッ素分子のπ軌道は結合性と反結合性が相殺されて帳消しになります。したがってフッ素はσ結合だけによる一重結合となります。

共役二重結合

ブタジエン$H_2C=CH-CH=CH_2$の結合のように二重結合と一重結合が交互に並んだ結合を全体として共役二重結合と言います。共役二重結合は有機分子に独特の性質を与える結合であり、非常に重要な結合です。

p軌道の重なり

ブタジエンは図Aに示したように、C_1-C_2、C_3-C_4間が二重結合、C_2-C_3間が一重結合です。４個の炭素は全てsp^2混成です。したがって各炭素上にπ結合を作ることのできるp軌道があります。図Bはp軌道の関係がわかるように書いた図です。

この図BはC_1〜C_4までの全ての炭素上のp軌道が互いに接していることを示しています。ということは、C_1-C_2、C_3-C_4間だけでなく、C_2-C_3間にもπ結合が存在することを意味します。つまり全ての炭素はσ結合とπ結合とで二重に結合された二重結合で結合されていることになるのです。

図Cはこの様子を忠実に表したものです。しかし何か変です。C_2の結合手の本数を数えてみると、Hとの1本、左炭素との二重結合で2本、右炭素とも二重結合なので2本。合計5本となります。しかし炭素は4本の結合しか作ることができません。したがって図Cは結合手の本数に関して間違いです。一方図Aはπ結合に関して間違っています。

一重結合と二重結合の中間

それでは、正しい結合はどのようなものなの

●p軌道の重なり

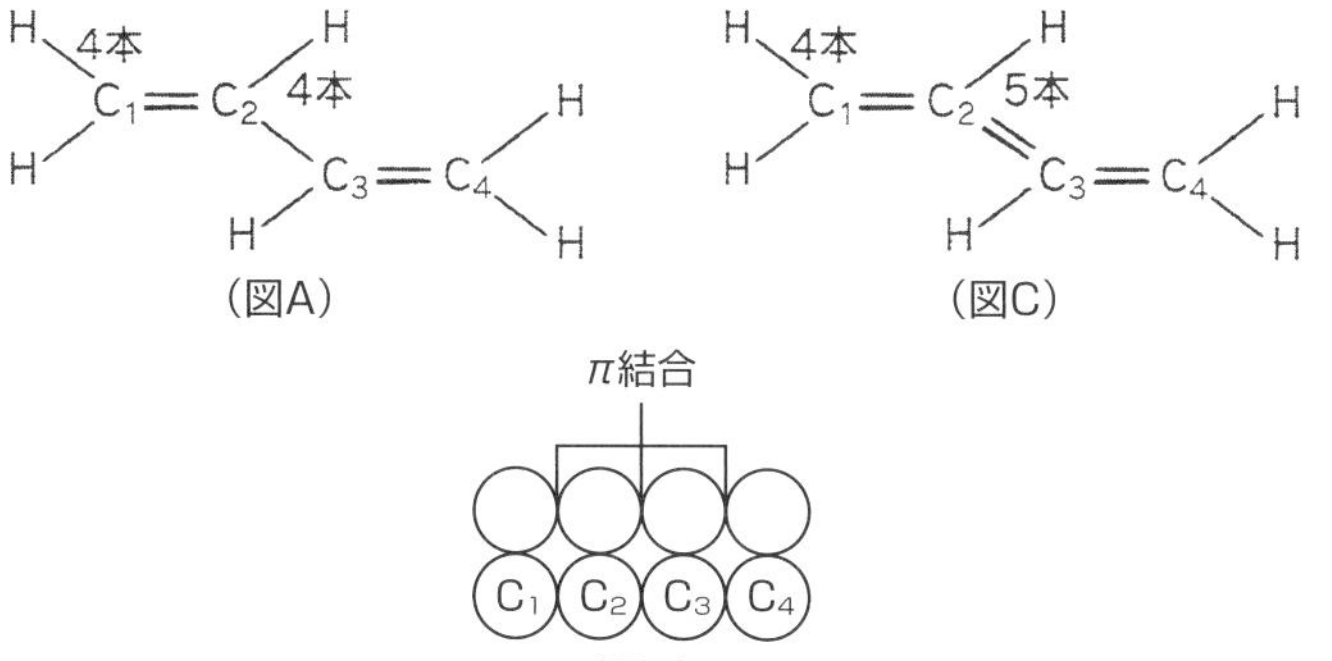

H　4本　H　4本　C_1　C_2　C_3　C_4　H　H　H　H

（図A）

H　4本　H　5本　C_1　C_2　C_3　C_4　H　H　H　H

（図C）

π結合

C_1　C_2　C_3　C_4

（図B）

でしょう? 残念ながら、現在の表記法では正しい構造を描くことはできません。現在の表記法が完成された頃には、このような問題は発見されていなかったのです。

表はエチレン、ブタジエン、および次節で見るベンゼンの二重結合の本数と、それを構成するp軌道の個数の関係を表したものです。エチレンでは1本のπ結合に2個のp軌道を使っています。ところがブタジエンでは3本のπ結合に4個のp軌道しか使っていません。ベンゼンでは6本のπ結合に6個のp軌道です。

ブタジエンとベンゼンの二重結合では、エチレンに比べて明らかにp軌道不足です。これは橋(π結合)を作るのにコンクリート(p軌道)をケチったようなもので、橋は強度不足になります。

●二重結合の本数とp軌道の個数の関係

	π結合	p軌道	比
エチレン	1本	2個	1
ブタジエン	3本	4個	2/3
ベンゼン	6本	6個	1/2

$H_2C{=}CH_2$

エチレン

$H_2C{=}CH{-}CH{=}CH_2$

ブタジエン

ベンゼン

エチレンのπ結合を基準（1）として、各化合物のπ結合の相対強度を出しました。これからいくとブタジエンの結合はσ＋0.7π＝1.7重結合、ベンゼンでは1.5重結合ということになってしまいます。

共役二重結合のπ電子雲

ブタジエンのπ電子雲は分子の端から端に広がります。このような電子雲を非局在π電子雲と言います。反対にエチレンのπ電子雲は局在π電子雲と言います。π電子雲の特徴は、この電子雲を構成する電子（π電子）は特定の炭素に束縛されることなく、分子の端から端まで自由に動き回ることができることです。

何か他の分子が共役二重結合の一方の端に攻撃を仕掛けたら、その情報は直ちに他の端にまで伝播するのです。このため、共役二重結合を持つ分子は独特の性質と反応性を持ちます。薬剤や毒物は勿論、生体反応や化学反応において、なにがしかの機能を持つ分子は、例外なく共役二重結合を持っています。

伝導性高分子

このような共役二重結合に期待されるのは伝導性の有機物です。昔から有機物は電気を流さず、磁性を示さないと言われてきました。しかし、共役二重結合のπ電子雲の電子は端から端まで移動できます。これは電線のようなものではないでしょうか？もし、とても長い共役二重結合を作ったら、その有機分子は電子を流すのではないでしょうか。

ポリアセチレン

ということで開発されたのがポリアセチレンというプラスチックでした。プラスチックの代表のようなポリエチレンはエチレン分子$H_2C=CH_2$を何千個も反応させたもので、H_2C-CH_2という単位構造が何千個も並んだ化合物です。

アセチレン$HC \equiv CH$をポリエチレンと同じように反応させたら、$HC=CH$という単位構造が何千個も並んだ長い共役二重結合を持つポリアセチレンができるということは有機化学者だったら誰でも思いつくことです。ということで、ポリアセチレンが合成されました。ところが、伝導度を計った所、期待は見事に裏切られました。ポリアセチレンは全く電気を流さない絶縁体だったのです。

ドーピング

ここで一人の化学者が素晴らしいことを思いつきました。彼は自動車が高速で走れるように作った高速道路で渋滞が起こるのはなぜだろうかと考えたのです。簡単なことです。自動車が多すぎるからです。速く走らせるためには自動車を間引いて少なくしてやれば良いのです。

●ポリエチレンとポリアセチレン

$$nH_2C=CH_2 \longrightarrow H\text{-}(H_2C-CH_2)(H_2C-CH_2)\cdots\cdots H$$

エチレン　　　　ポリエチレン

$$nHC\equiv CH \longrightarrow H\text{-}(HC=CH)(CH=CH)\cdots\cdots H$$

アセチレン　　　　ポリアセチレン

分子も同じでポリアセチレンで電子が流れないのは、電子が多すぎて渋滞が起こっているからで、電子を間引いてやれば良いのではなかろうか？　そうだ、電子を惹きつけるものを加えてやれば良いのだ。ということで、彼はポリアセチレンに陰イオンになりやすいヨウ素分子I_2を加えてみました。このように、ある物質に不純物を加えることをドーピング、加えられる不純物をドーパントと言います。要するにヨウ素をドーピングしたのです。

　伝導度を測定した化学者は腰を抜かすほど驚いたと言います。なんと金属並みの伝導度を示したのです。これが伝導性高分子の始まりでした。以来、各種の伝導性高分子が開発され、現在では伝導性どころではなく、超伝導性を示す有機超伝導体、更には磁石に吸い付く有機磁性体もが開発されるようになったのです。

●伝導性

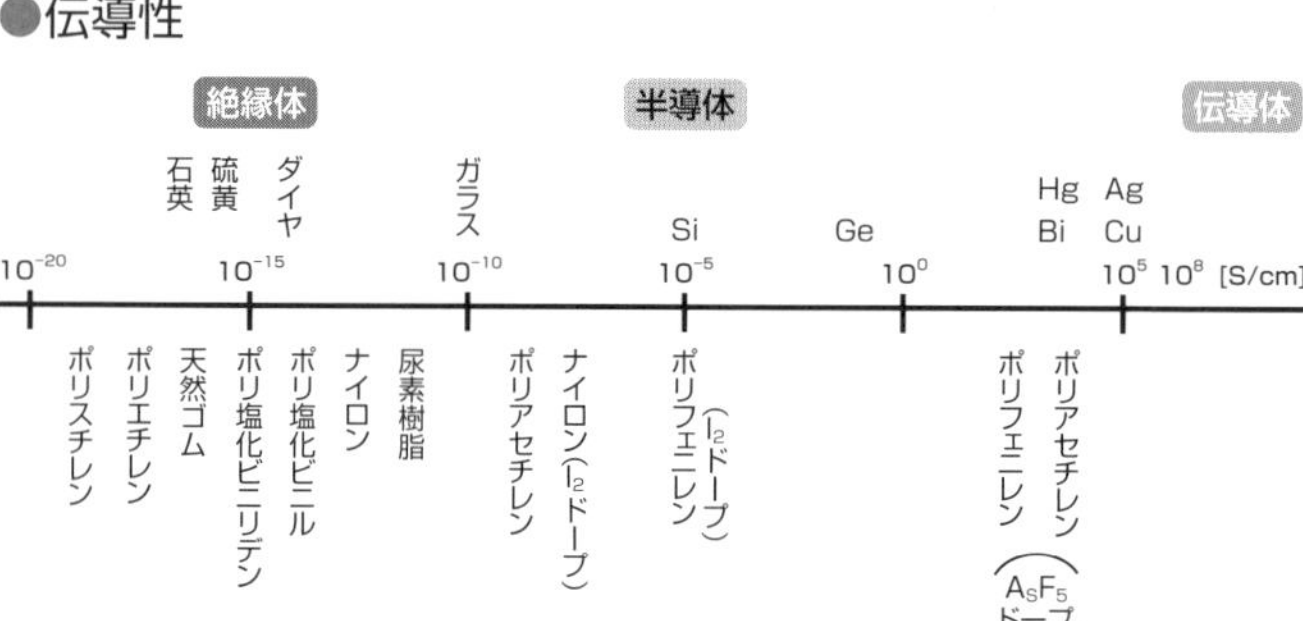

SECTION 44

ベンゼンの結合

ベンゼンは環状の共役二重結合を持った化合物であり、独特の性質と安定性を持っています。ベンゼンの誘導体を一般に芳香族化合物と言い、有機化学で重要な化合物です。

ベンゼンの構造

ベンゼンに芳香（良い香り）があるわけではありませんが、ベンゼンの骨格を持つ化合物を一般に芳香族化合物と言います。ベンゼンは6個の炭素原子と6個の水素原子からできた環状化合物であり、その構造は正確に書くと図Aになります。しかし多くの場合元素記号とC－H結合を省略し、図Bあるいは図Cのように書かれます。

●ベンゼンの構造

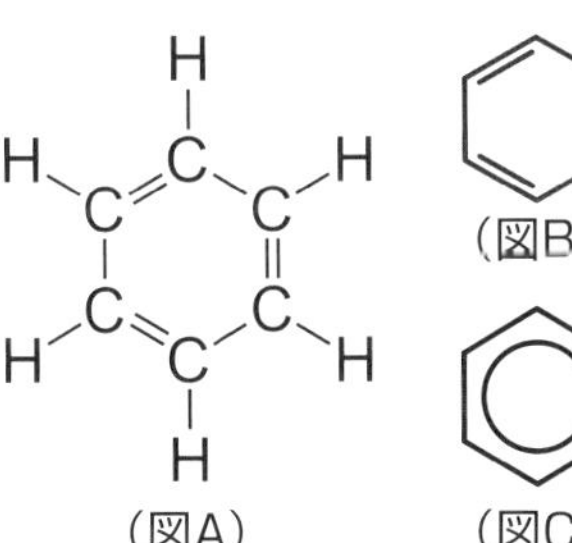

ベンゼンの炭素結合は先に見たブタジエンの結合と同様に、二重結合と一重結合が一つ置きに並んだもので、共役二重結合となっています。ベンゼンの炭素は全てsp^2混成です。したがって混成軌道は同一平面上に120度の角度で並びます。これはベンゼンの結合角度と一緒ですから、ベンゼンは完全に平面状の化合物です。

ベンゼンのπ結合電子雲

図Dはベンゼンの結合状態のうち、p軌道の結合をわかりやすくした図です。ブタジエンの場合と同じように、ベンゼンの6個のp軌道は全て接するのでベンゼンには環状のπ電子雲が存在することになります。つまり分子面の上下にドーナツの様な電子雲が重なります。この結果、ベンゼンの6本のC－C結合は全て同じで区別が無いことになります。これを表すために図Cのように、ベンゼンの中に円を描いて構造を表すことがあります。

●ベンゼンのπ結合電子雲（図D）

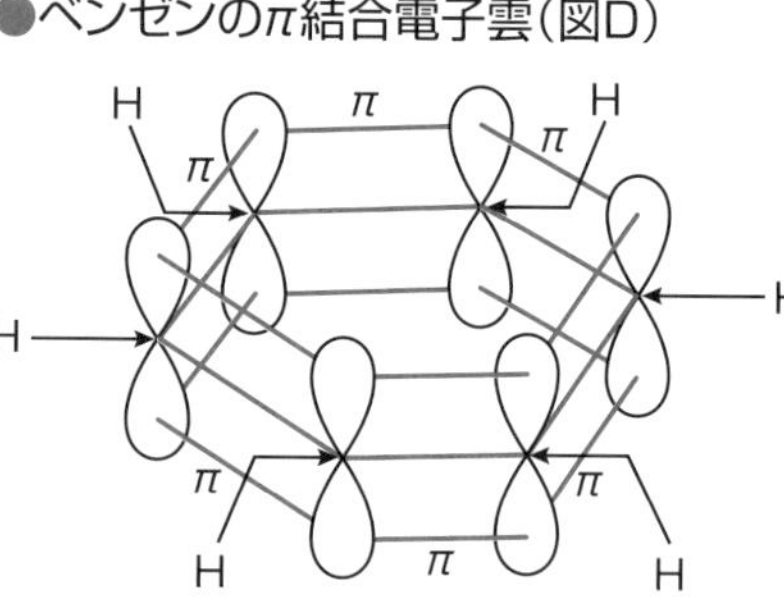

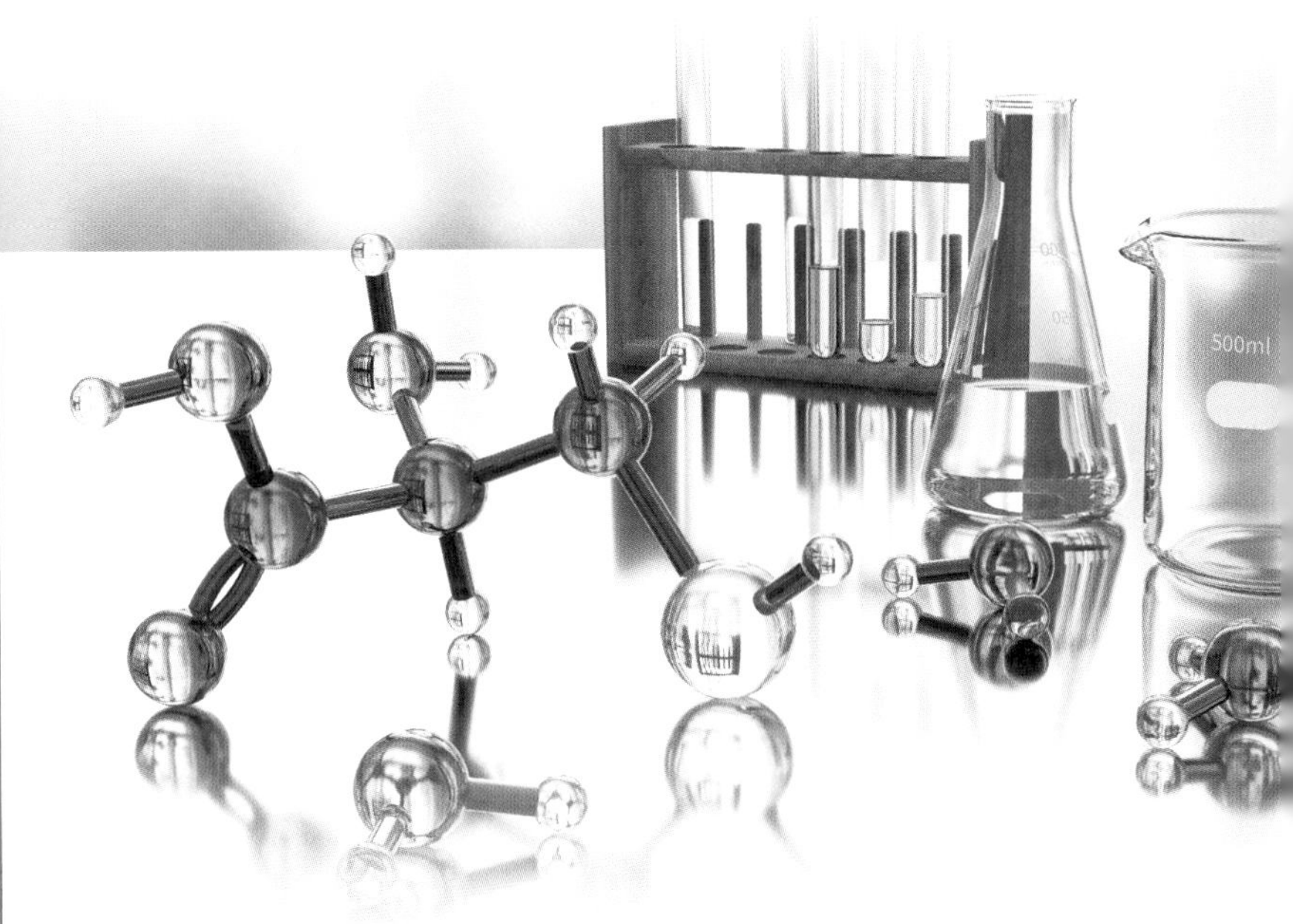

Chapter.9
分子の構造と性質

SECTION 45

共有結合のイオン性

イオン結合はプラスとマイナスのイオンの間に働く静電引力であり、共有結合は結合電子雲による結合です。共有結合は電気的に中性ですが、実はそうでもありません。

電気陰性度

水素分子H_2、窒素分子N_2、酸素分子O_2、フッ素分子F_2などの等核二原子分子においては結合する二原子は共に電気的に中性であり、結合電子雲は左右対称になっています。しかし、フッ化水素HFではどうでしょうか？　両原子の電気陰性度を見る水素は2.1、フッ素は4.0と大きな違いがあり、フッ素が電子を引き付ける力の大きいことがわかります。これは、

●電気陰性度

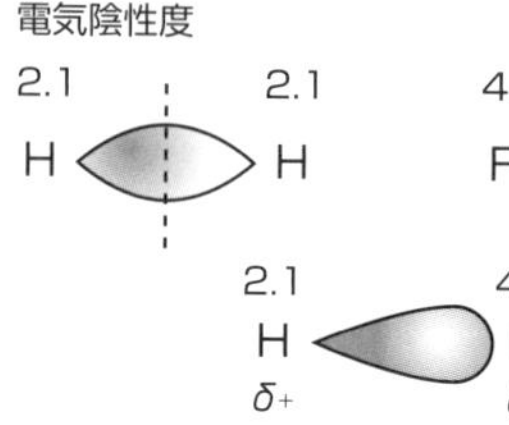
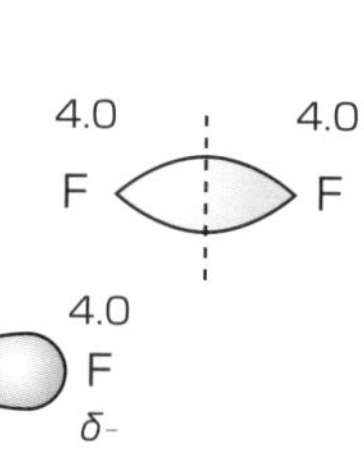

HFの結合電子雲はFの側に大きく引かれて偏ることを意味します。この結果、フッ素はマイナスに荷電し、水素はプラスに荷電します。このように結合電子の偏在によって共有結合に電荷が現われることを結合分極と言い、記号δ+（デルタプラス）、δ−（デルタマイナス）で表します。δは「幾分」という意味で定量性はありません。この現象は共有結合にイオン結合が混じったものと考えることができます。

イオン性の割合

図は結合する原子間の電気陰性度の差Δxと、イオン結合性の割合を表したものです。差が0なら完全共有結合、差が3なら完全イオン結合で、それ以外は両者の中間ということを表しています。このグラフを見ると完全な共有結合もイオン結合も特殊な原子の組み合わせの時にだけ現われる特殊な結合であることがわかります。

●イオン性の割合

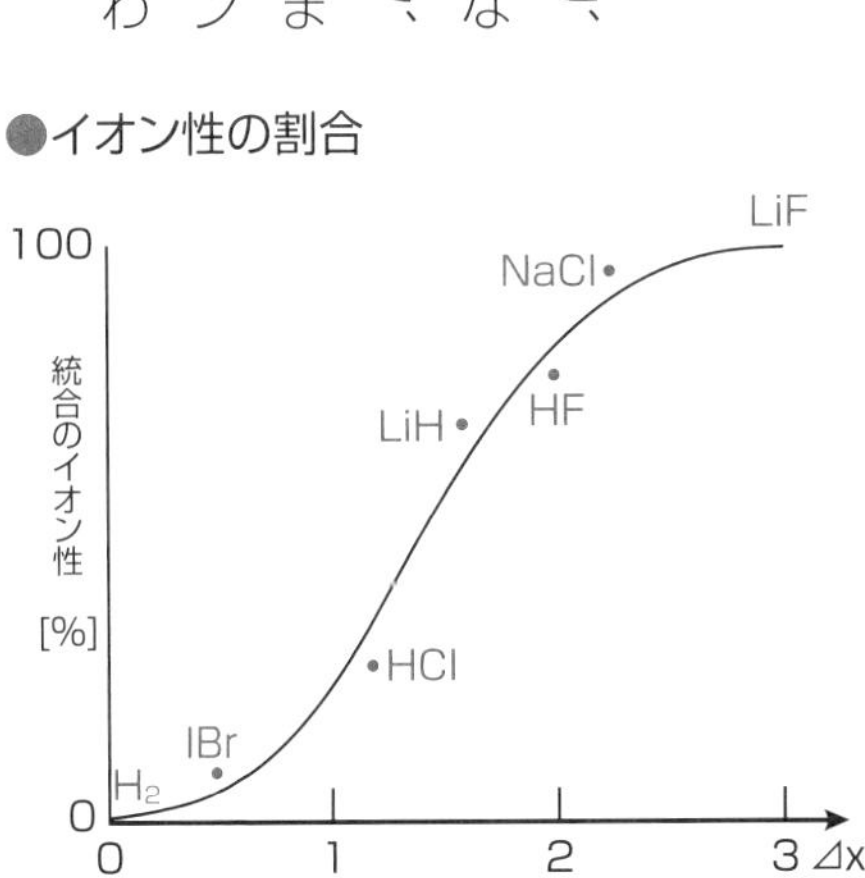

SECTION 46 分子間力

ここまでに見てきた結合は全て原子と原子を結びつけるものでした。分子と分子の間にも引力が生じることがあります。しかし、この結合は原子間に働く結合に比べて弱いものです。そこで分子間に働く引力を分子間力と呼びます。分子間力には水素結合、ファンデルワールス力などがよく知られています。

水素結合

水分子H－O－Hは2本のO－H結合で構成されています。OH結合は酸素（電気陰性度＝3.5）と水素（電気陰性度＝2.1）の電気陰性度の違いにより、酸素がマイナス、水素がプラスに荷電してます。そのため、2個の水分子が近寄ると互いのOとHの間に静電引力が生じます。これを水素結合と言います。

液体の水中の水分子は水素結合によって何分子もが結合して集団を構成しています。この集団を会合、あるいはクラスターと呼びます。

図は炭化水素C_nH_{2n+2}の炭素数ｎとその沸点（ｂｐ）、融点（ｍｐ）の関係を表したものです。炭素数と沸点の間に良い相関関係のあることがわかります。これは炭化水素の分子量と沸点の間に良い相関があることを示すものであり、炭素数１、つまり分子量16のメタンの沸点がマイナス１５０℃以下であることを示しています。

水は分子量が18でメタンと似ているのに沸点は１００℃と異常に高いことがわかります。これは炭素数７つまりC_7H_{16}（分子量１００）のヘプタンに相当します。これは水がその沸騰状態に置いても分子量１００程度の集団、つまり5分子程度の集団になっていることを示すものです。

●炭化水素の炭素数と沸点、融点の関係

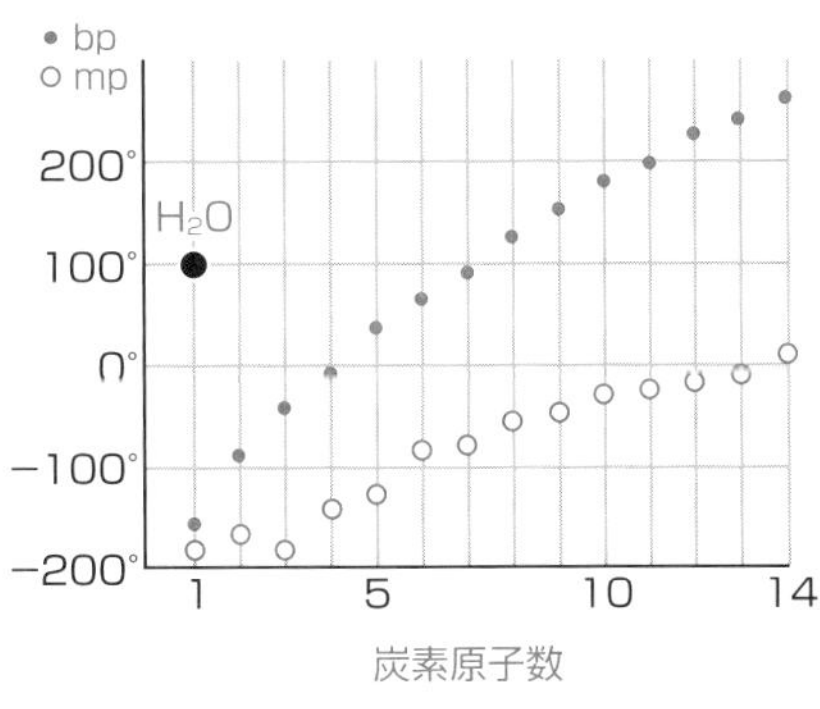

氷の結晶構造

図は氷の結晶構造のX線写真です。ダイヤモンド型の結晶構造をとっていることがわかります。この構造をとっている状態の酸素は正四面体型に結合しており、これは、先に見た非共有電子対の方向を反映しています。すなわち、水の水素結合は電荷間の単なる静電引力ではなく、酸素原子上の非共有電子対と水素との間の、結合角度を持った「結合」の側面を持っているのです。

●氷の結晶構造

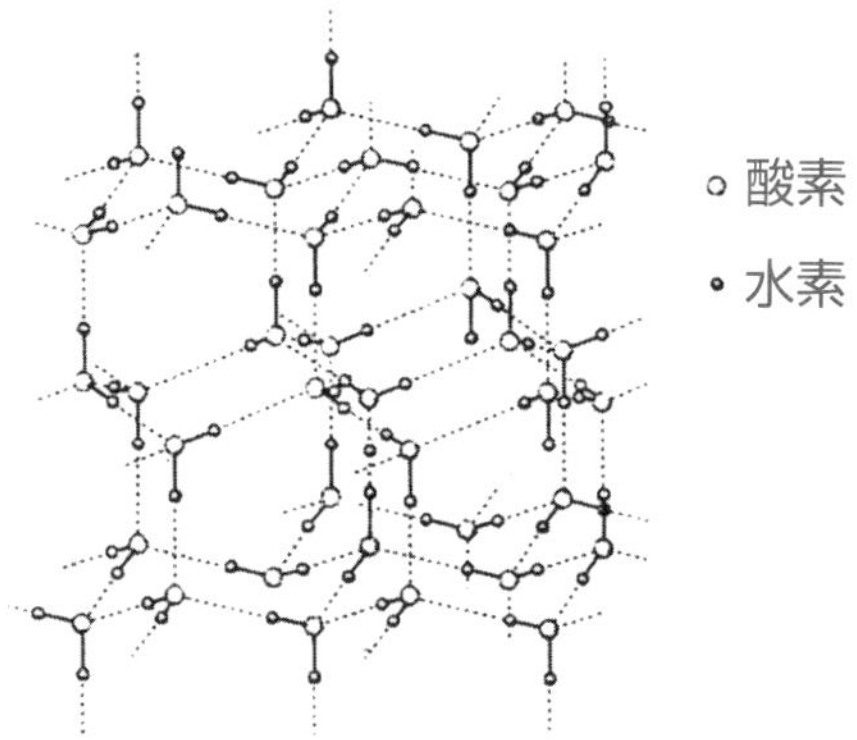

○酸素
•水素

ファンデルワールス力

水素結合はプラスとマイナスの「電荷」間の引力です。しかし、分子間力は非極性の分子の間にも働きます。このような引力の1つが発見者の名前をとってファンデルワールス力と呼ばれるものです。ファンデルワールス力はいくつかの力が合わさったものですが、最もよく知られているのが分散力と言われるものです。

これは電子雲の「ゆらぎ」に基づくものです。わかりやすいように原子で考えてみましょう。原子の電子雲は正しく雲のようにフワフワと揺らぎます。揺らいだ瞬間には電子雲の中心位置と原子核の位置がずれるために、原子にプラスの部分とマイナスの部分（誘起電荷）が生じます。すると、この電荷に触発されて近傍の原子の電子雲が変形して誘起電荷が生じます。

この誘起電荷と、先の電荷の間には静電引力が生じます。このような引力を分散力というのです。分散力は瞬間的に現れては消える泡のような引力ですが、物質という分子の集団全体で考えると大きな引力となります。

結合エネルギーの大小

図はこれまでに見てきた結合エネルギーの大小を比較したものです。分子間力がいかに小さいかがよくわかります。イオン結合が共有一重結合より大きめなのも意外かもしれません。共有結合の強さが一重＜二重＜三重結合の順で大きくなっているのは当然です。そして共有結合の中では純粋共有結合である等核結合より、イオン性の混じった異核結合の方が結合エネルギーが高い、つまり強い結合になっていることがわかります。

●結合エネルギーの比較

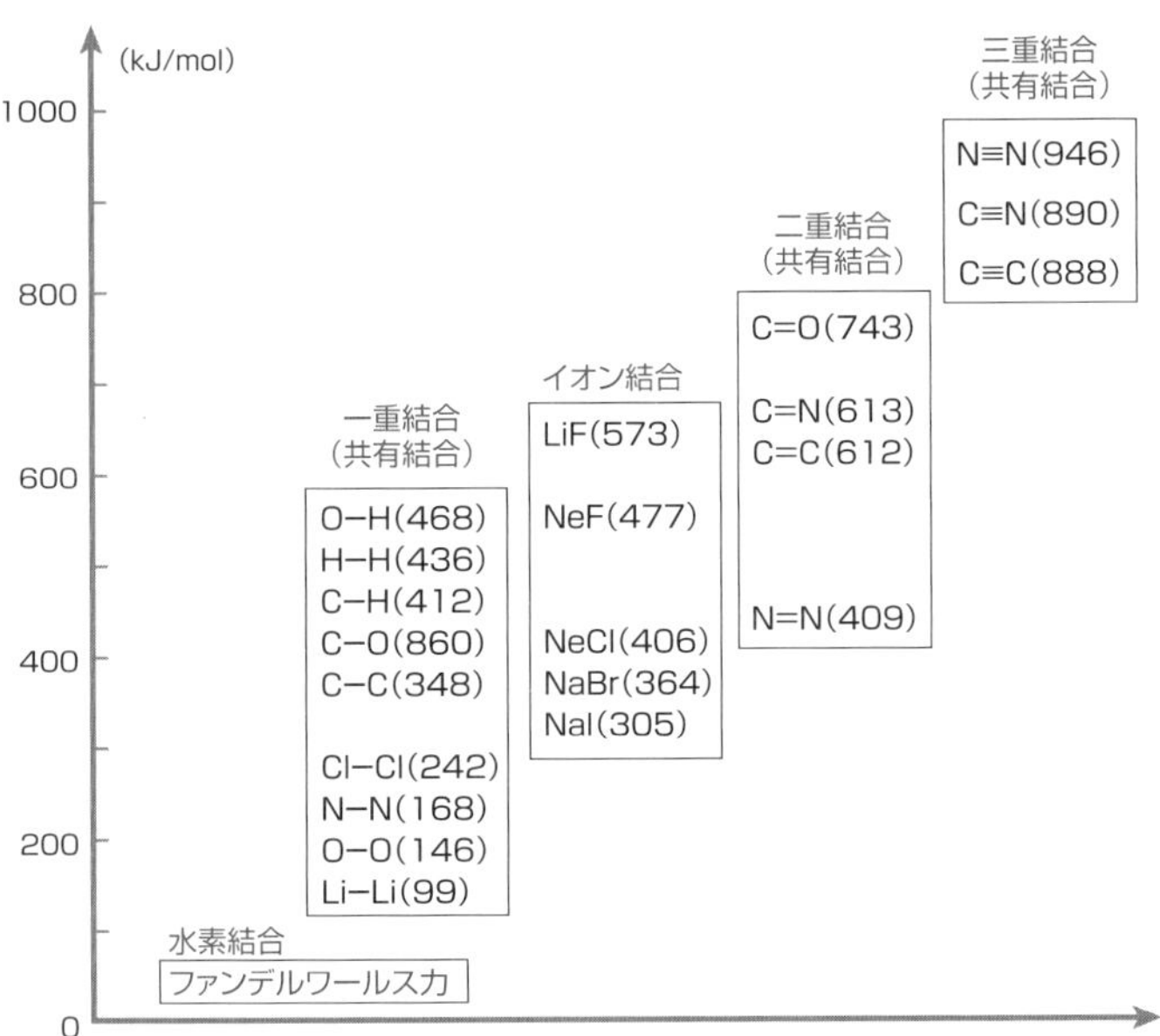

分子を超えた超分子

昔は、分子は独立して機能、反応を行っているものと考えられていました。しかし現在では多くの分子は互いに連絡し合い、協力しながら挙動していることが明らかになってきました。中には分子同士が分子間力で結合して、より大きくより高次な構造体となって機能するのです。このような構造体を、分子を超えた分子という意味で超分子と呼びます。特に生体では多くの超分子が複雑な挙動を通じて生命活動を推進しています。

生体中の超分子

ＤＮＡは二重ラセン構造であることが知られています。これは2本のＤＮＡ分子が互いにねじれ合ってラセン構造となっているのであり、典型的な超分子と言うことができます。2本のDNA分子を結びつける力は水素結合です。

生化学反応の触媒の働きをする酵素は特定の基質と鍵と鍵穴の関係で結びついて複合体を作って反応することが知られています。この複合体も超分子です。酸素運搬をするタンパク質はヘモグロビンですが、これはよく似た構造の2種4個のタンパク質が形成した集団として機能しますが、これも超分子の一種です。全ての細胞だけでなく、細胞の中の細胞核等の細胞内器官は細胞膜で覆われていますが、これはリン脂質と言われる分子が無数に集まった超分子構造であることが知られています。

このように生体は超分子の宝庫と言われるほど超分子が多いのですが、もしかしたら生体そのものが精密に作られた超分子と言うことができるのかもしれません。

自然界の超分子

生体以外にも超分子は存在します。氷は先に見たように無数個の水分子が水素結合によって精密に積み上げられたものであり、一種の超分子と言うことができます。

日本の周辺の海底にはメタンハイドレートというシャーベット状の物質が存在する

ことが知られています。これはメタン分子を水分子が取り囲んだもので、掘りあげて火を着けると中のメタンが燃えて発熱することから将来のエネルギー源として注目されています。

図はメタンハイドレートの構造図ですが、まるで鳥かごの中の鳥のように、15個ほどの水分子でできた球形のケージの中にメタン分子が入っています。典型的な美しい超分子と言うことができるでしょう。

ウイルスは自分で栄養を摂取することができないので、生物としては扱われませんが、生物と同じようにDNAかRNAの核酸を持っています。そして、その核酸をたくさんのタンパク質分子でできた容器の中に入れているのです。これはウイルスそのものが超分子とも言えるような状態です。

●メタンハイドレートの分子構造

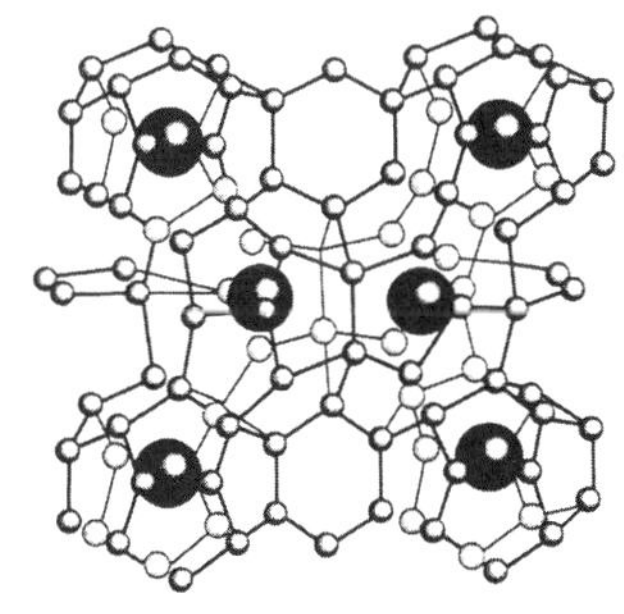

水分子の酸素

メタン分子

SECTION 48 異性体

有機化合物の分子構造で問題になるのは異性体です。

異性体というのは「分子式」（分子を作る原子の種類と個数を表す記号）は等しいが「構造式」（原子の並び順）が異なるという物で、図に示した分子A（ブタン）とB（メチルプロパン）（共に分子式はC_4H_{10}）のようなものです。

構造異性体

一重結合だけでできた炭化水素（アルカン）の場合、異性体の個数は炭素数が4個の場合は図に示した2個だけですが、炭素数が増えると急激に増え、炭素数が20個に

●ブタンとメチルプロパン

分子A
ブタン

```
   H   H   H   H
   |   |   |   |
H—C—C—C—C—H
   |   |   |   |
   H   H   H   H
```

分子B
メチルプロパン

```
   H   H   H
   |   |   |
H—C—C—C—H
   |   |   |
   H   |   H
       |
    H—C—H
       |
       H
```

増えると途端に36万個というとんでもない個数に膨れ上がります。このようなことがあるので有機化合物の種類は無限大だなどと言われることになるのですが、それも頷けるどころです。異性体は細かく分類すれば多くの種類になりますが、ざっと分けても図のような種類になります。

・**炭素鎖異性体**

分子AとBは炭素鎖異性体に相当します。

・**位置異性体**

分子CとDは置換基（この場合はメチル基CH_3）の結合している炭素の位置に2番（C）と3番（D）という違いがあります。

●構造異性体

分子式	異性体の個数
C_4H_{10}	2
C_5H_{12}	3
$C_{10}H_{22}$	75
$C_{15}H_{32}$	4347
$C_{20}H_{42}$	366319

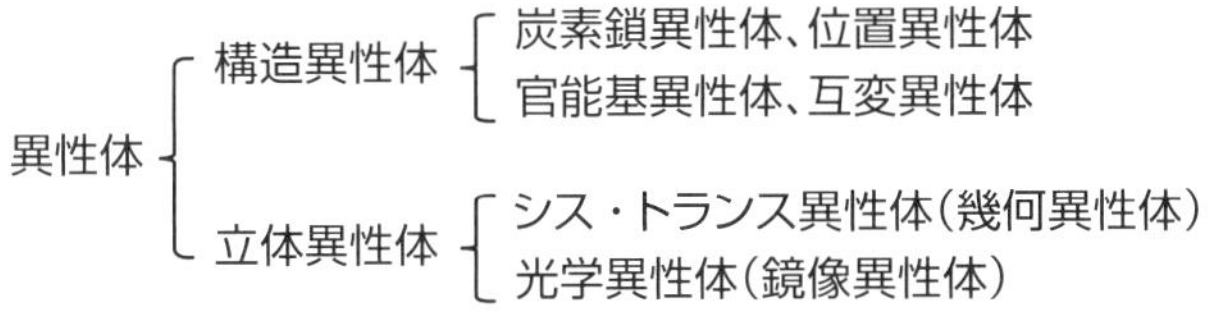

- 異性体
  - 構造異性体
    - 炭素鎖異性体、位置異性体
    - 官能基異性体、互変異性体
  - 立体異性体
    - シス・トランス異性体（幾何異性体）
    - 光学異性体（鏡像異性体）

・官能基異性体

分子EとDでは官能基（置換基の一種）にヒドロキシ基（OH、E）とエーテル基（－O－、F）という違いがあります。

・互変異生体

ちょっと変わっており、1個の分子がある瞬間には分子Gとなり、ある瞬間には分子Hになるというように、まるで蛍光灯の瞬きのように、瞬間ごとに構造が変化するという異性現象です。この分子はGとHの平均の様な性質を持っているということではなく、ある瞬間にはGの性質、ある瞬間にはHの性質を持ちます。したがって、どの瞬間に反応したかによって全く異なる反応性を示すという、厄介な性質の分子ということになります。

●構造異性体の種類

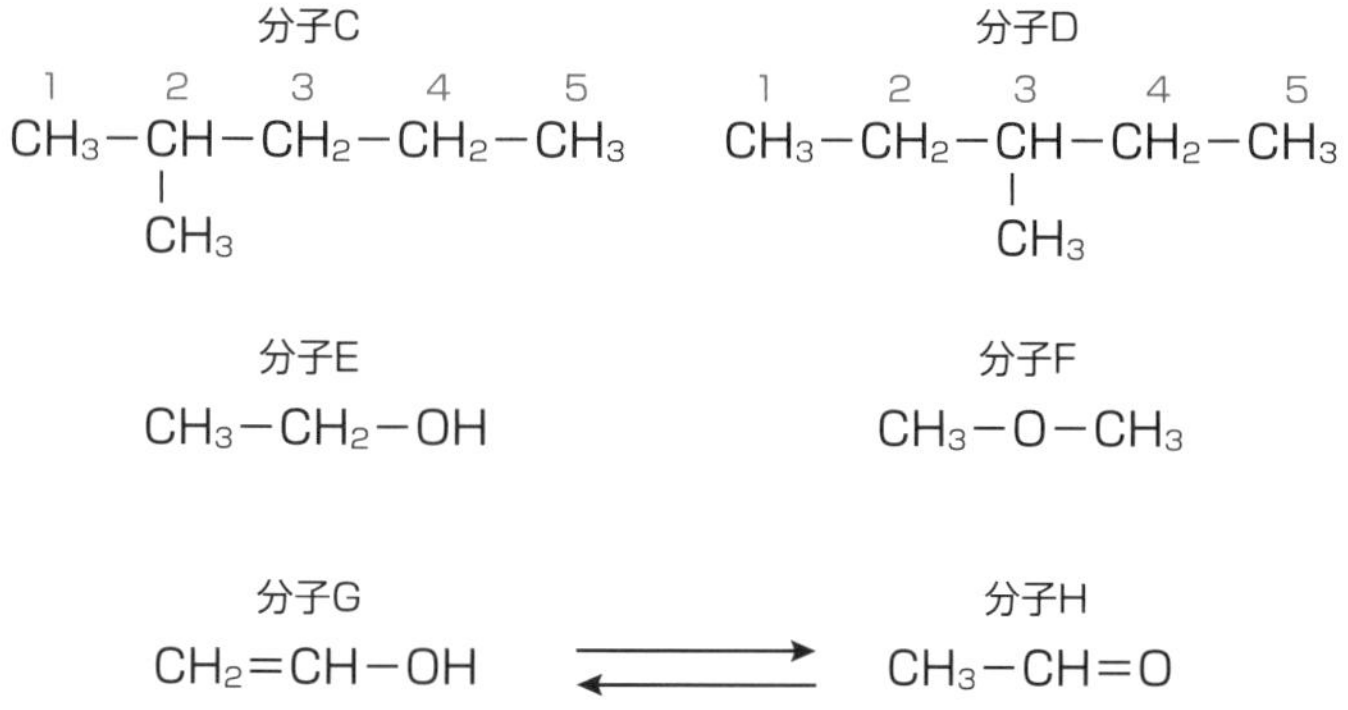

分子C

$$\overset{1}{CH_3}-\underset{\displaystyle |\atop CH_3}{\overset{2}{CH}}-\overset{3}{CH_2}-\overset{4}{CH_2}-\overset{5}{CH_3}$$

分子D

$$\overset{1}{CH_3}-\overset{2}{CH_2}-\underset{\displaystyle |\atop CH_3}{\overset{3}{CH}}-\overset{4}{CH_2}-\overset{5}{CH_3}$$

分子E

$$CH_3-CH_2-OH$$

分子F

$$CH_3-O-CH_3$$

分子G ⇄ 分子H

$$CH_2=CH-OH \rightleftarrows CH_3-CH=O$$

立体異性体

天然物を扱う場合に問題になるのは立体異性体です。これは原子の並び順は同じなのに、立体的な配置が異なるという異性現象です。主な例はシス・トランス異性体と鏡像異性体です。

❶シス・トランス異性体

シス・トランス異性体は、二重結合の例で見たように、同じ置換基が二重結合の同じ側に着く（シス体）か反対側に着く（トランス体）かという単純な問題で、わかりやすい異性体です。

❷鏡像異性体

1個の炭素原子に、互いに異なる4個の置換基WXYZが結合すると異性体RとLが生じます。このような図では、実線で表した結合は紙面に載っているものとし、実線の楔（くさび）は紙面から

●シス体とトランス体

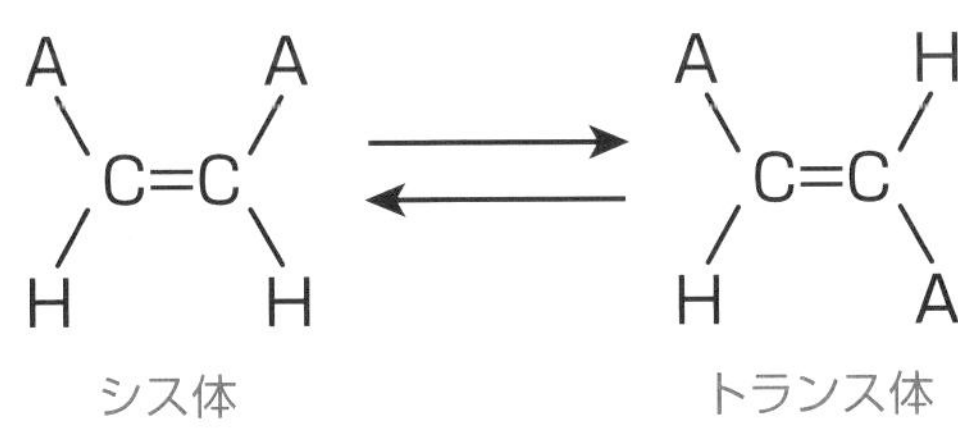

手前に飛び出しており、点線の楔は紙面の奥に引っ込んでいくという約束になっています。

　このように約束すると炭素の正四面体型の結合がよくわかります。そしてRとLが互いに異なる化合物であることは双方をどのように回転させても決して重なることが無いことから明らかです。

　RとLは互いに右手と左手の関係にあり、Rを鏡に映すとLになり、Lを鏡に映すとRになることから、互いに鏡像異性体、あるいは光学異性体と呼ばれます。そして、互いに異なる4個の異性体を持つ炭素を不斉（ふせい）炭素と言います。

●鏡像異性体

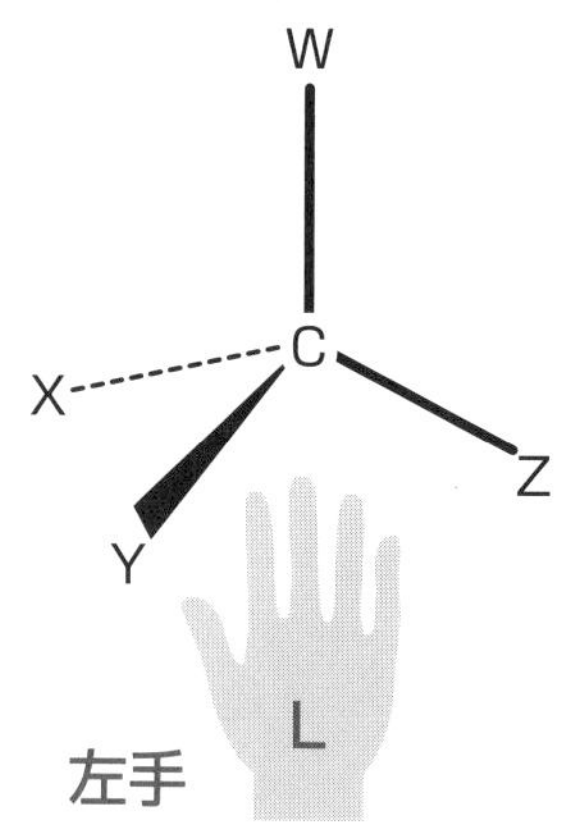

M

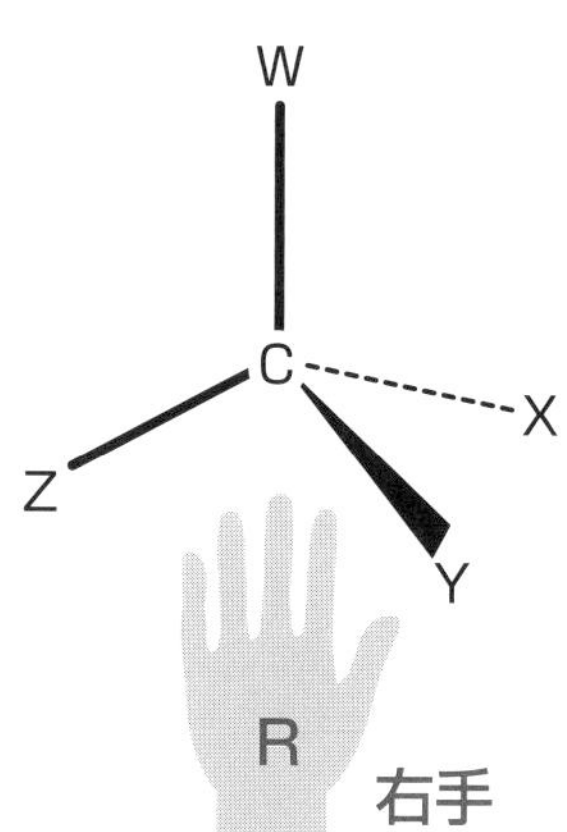

❸ラセミ体

鏡像異性体の特徴は、互いに異なる分子であるにも関わらず、「化学的性質は全く同じ」ということです。したがって、どちらかを化学的に作ろうとすると、もう片方も同時にでき、その割合は1：1になります。このような混合物をとくにラセミ体、あるいはラセミ混合物と言います。そして、ラセミ体をその成分（RとL）に分離する（ラセミ分割）ことは不可能なのです。そのくせ、RとLの光学的性質と生物学的性質は全く異なります。特に生物学的性質は、片方は薬なのにもう片方は毒になるというほど異なることがあります。

立体異性体のふしぎ

立体異性現象は人間の健康についても大きな影響を持ちます。いくつかの例を見てみましょう。

ω（オメガ）3脂肪酸

食品に含まれる油脂はグリセリンというアルコールと脂肪酸という酸が結合したもので一般にエステルと言われます。脂肪酸には多くの種類がありますが、一般に炭素鎖が飽和結合と呼ばれる一重結合だけでできた飽和脂肪酸と不飽和結合と呼ばれる二重、三重結合を含む不飽和脂肪酸に分けることができます。

牛脂や豚脂など哺乳類の油脂は固形であり、飽和脂肪酸からできています。それに対して植物や魚介類の油脂は液体で不飽和脂肪酸からできています。

不飽和脂肪酸の不飽和結合は1個とは限りませんが、炭素鎖の端から3番目の炭素(この炭素をω3炭素と言います)に二重結合が着いている脂肪酸をω3脂肪酸と言い、アレルギーや炎症、血栓を抑制すると言われています。

食べると頭が良くなるとか言われるEPAやDHAという脂肪酸はω3位に二重結合を持つω3脂肪酸であることがわかります。

トランス脂肪酸

トランス脂肪酸が体に良くないと言われます。トランス脂肪酸とは何でしょう? 脂肪酸の炭素鎖に着いた二重結合の同じ側に水素が結合したものがシス脂肪酸、反対側に結合したものがトランス脂肪酸です。EPAと

●ω3脂肪酸

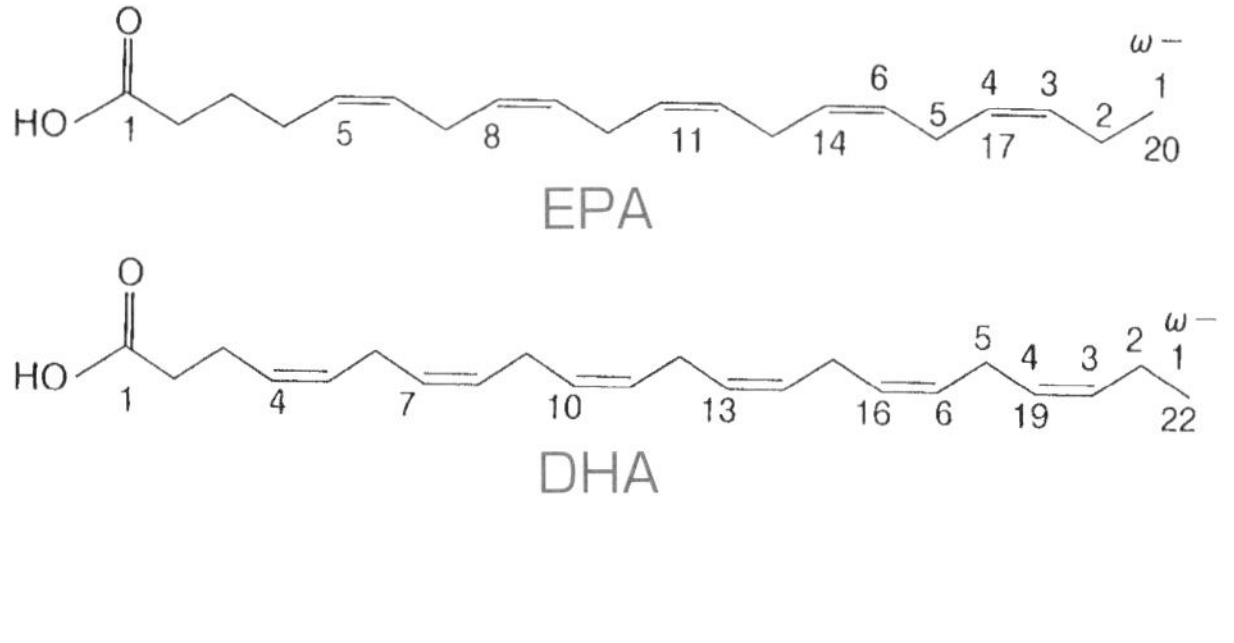

EPA

DHA

DHAの構造式を見ると全ての二重結合がシス配置になっていることがわかります。このように自然界にある脂肪酸は全てがシス体であることが知られています。

それではトランス脂肪酸はどこから来たのでしょう? それは硬化油から来たのです。硬化油は不飽和脂肪酸の二重結合に水素を結合させたものです。すると液体の植物油脂が哺乳類の油脂のように固体になります。つまり、バターの代用品になるのです。しかし、二重結合を複数個持つ脂肪酸の場合には水素を反応させても全ての二重結合に水素が結合する

●トランス脂肪酸

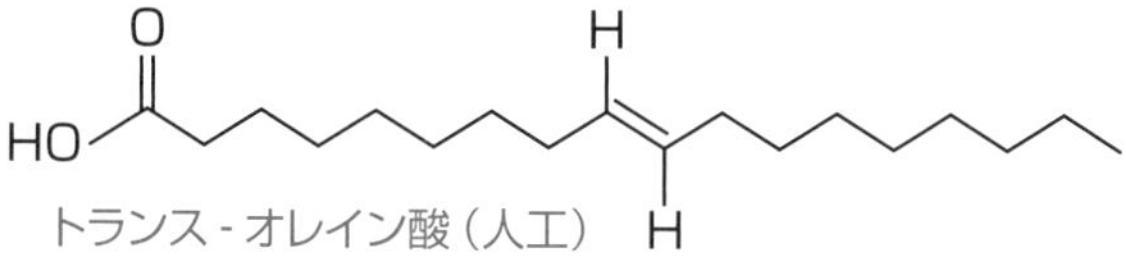

トランス-オレイン酸（人工）

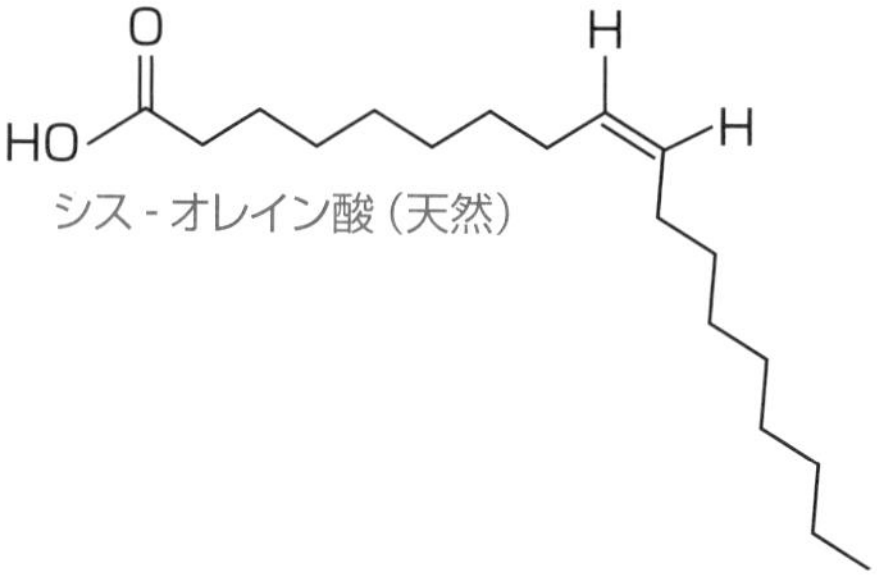

シス-オレイン酸（天然）

わけでなく、二重結合のまま残るものがあります。このような二重結合がトランス二重結合になるのです。

二重結合を1個だけ含むオレイン酸の「トランス体(人工)」と「シス体(天然)」の構造を示しました。天然品は曲がっているのに、人工品は真っ直ぐです。これは、天然品はその曲がった構造のために規則的に折り重なって結晶(固体)になることができないのに対して、真っ直ぐな構造の人工品は規則的に重なって固体になることができることを示すものです。このようなことが健康に影響しているのでしょう。

Lアミノ酸・Dアミノ酸

鏡像異性体が問題になるのはアミノ酸です。アミノ酸は天然高分子であるタンパク質の原料分子であり、人間の場合には20種類のアミノ酸が存在します。

アミノ酸は1個の炭素に、固有の置換基R、水素H、アミノ基NH_2、カルボキシル基COOHの互いに異なる4種の置換基が着いているので、この炭素は不斉炭素となり、鏡像異性体、L体とD体が存在します。これを人工的に作ろうとしたらD体とL体の

1：1混合物、ラセミ体ができてしまいます。

ところが生物が作った場合には、たとえその生物が人間であろうと黴菌であろうと植物であろうと、全てのアミノ酸がL体になってしまうのです。例外が皆無というわけではないようですが、ほとんど無視できる量と言います。なぜそうなのか、その理由は誰も知りません。ほとんどの人の心臓が左にあるのと同じことです。

うま味調味料は、グルタミン酸というアミノ酸です。以前は人工合成をしていたのでラセミ体が生成し、うま味調味料の半量は味がしませんでした。しかし現在は発酵によって生物的に作っていますので、全量が良い味がします。

●Lアミノ酸・Dアミノ酸

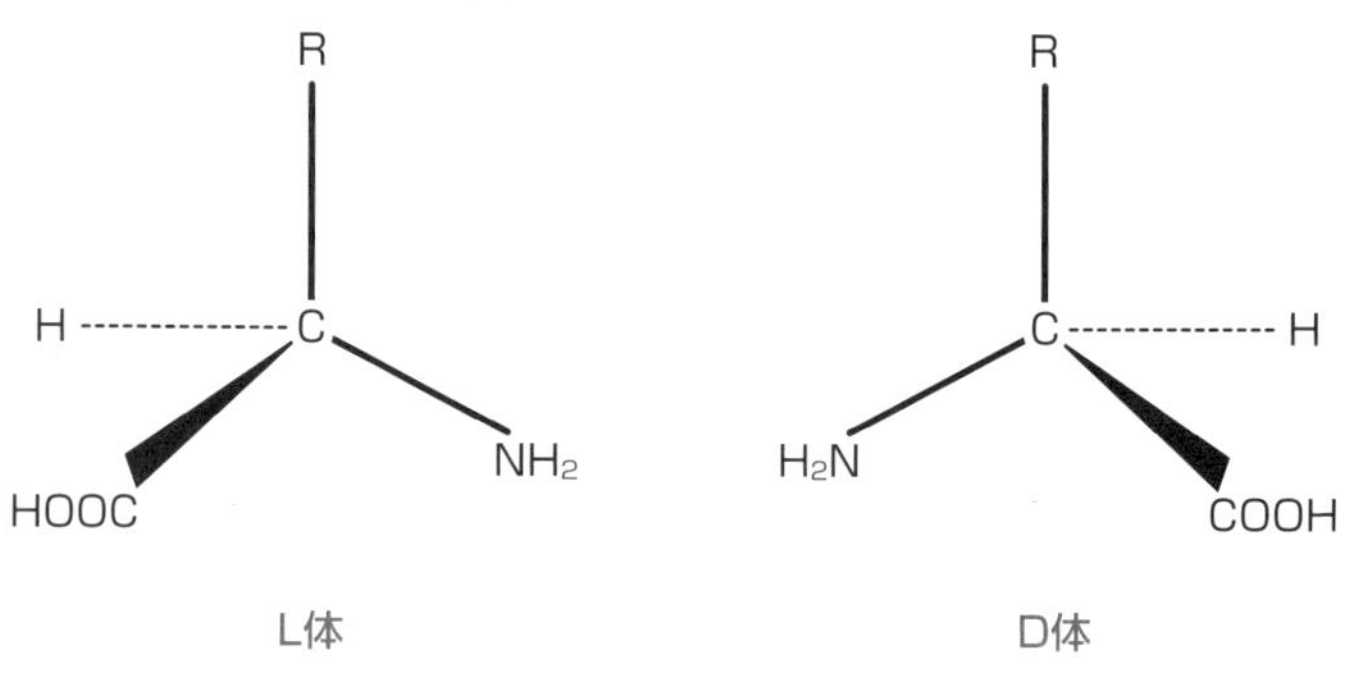

グルタミン酸：R ＝ CH_2CH_2・COOH

サリドマイド(アザラシ症候群)

サリドマイドという薬剤は1957年に西独のグリュネンタール社がテンカンの薬として開発したものでした。しかし、催眠作用があるため、コンテルガンの名前で催眠薬として市販しました。穏やかな効き目のコンテルガンは市場から好意的に迎えられました。

❶サリドマイドの毒性

ところが、コンテルガンが発売されてまもなく、医療従事者の間で変な噂が囁かれ始めました。最近、今まで無かった障害児が誕生しているというのです。その障害は腕が無いというもので、アザラシ症候群と言われました。そしてこの障害児を産んだ母親は妊娠初期にコンテルガン飲んでいたようだというのです。

1961年、学会でこのことが発表されると、10日もしないうちにグリュネンタール社はコンテルガンを市場から回収しました。しかし、日本で出荷が停止されたのは半年も遅れた後のことでした。

サリドマイドの被害者数は、世界で約3900人に達しました。そのほか多くの死産があったようで、その実数は不明です。

❷原因

サリドマイドの原因は光学異性体でした。図はサリドマイドの構造ですが、AとBの2種があり、互いに鏡像異性体です。光学異性体の生理的性質は全く異なります。今回AとBのどちらかは催眠作用を持っており、反対の方は催奇形性を持っていたのでしょう。

それでは、催眠作用のある方だけを服用すれば良かったのでしょうか？　ところがサリドマイドは特殊な光学異性体であり、例えAだけ服用しても9時間ほど経つとA：B＝1：1のラセミ体になってし

●サリドマイドの構造

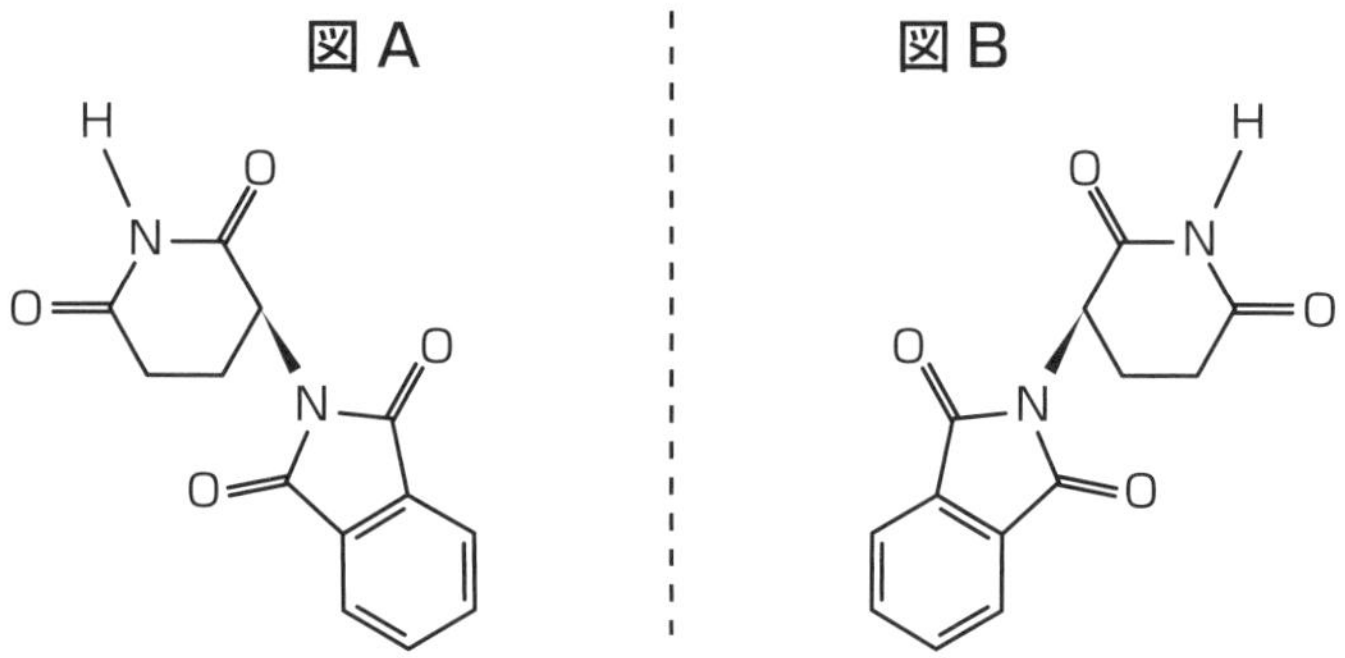

図A　　図B

まうのです。それは先に見た互変異性のせいです。A、Bはどちらも互変異性するとCになります。そしてCが元に戻るときは1：1の確率でAかBに戻るのです。これを繰り返すと9時間後にはAとBのラセミ体になってしまうのです。

図C

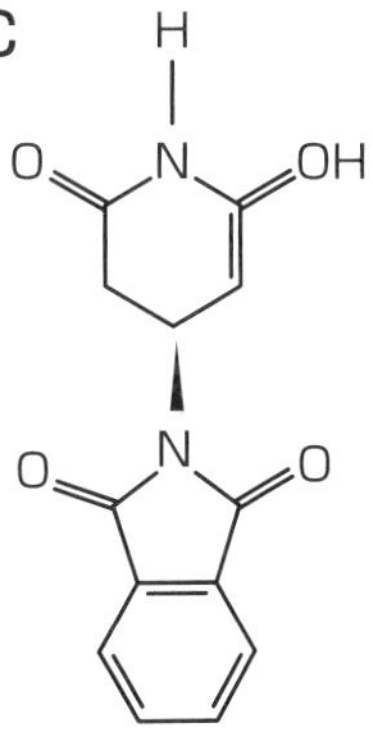

❸サリドマイドの新しい薬効

ところが最近、サリドマイドにとんでもない薬効があることが明らかになりました。抗ガン剤作用があるというのです。

サリドマイドの薬禍の原因は毛細血管の発生を阻害することにあることがわかりました。妊娠初期はちょうど胎児の腕が発生発育する時期だったのです。その時期に毛細血管の発生が阻害されたので、赤ちゃんの腕に栄養が行き渡らず、その結果、腕の無い赤ちゃんが誕生してしまったのです。

しかし、この効果は、発育途上のガン細胞の毛細血管発生を阻害することにもなります。このことから、抗ガン性が出てくるのです。また糖尿病性の失明の原因は網膜に無用の極細の毛細血管が多発し、そこからの出血が原因です。試したところサリドマイドに治療効果があることがわかりました。この他に、ハンセン病の痛みを抑える効果もあると言います。

ということで、一度、製造、販売、使用を差し控えられたサリドマイドですが、再登場することになりました。ただし今回は市販ではなく、医師の厳重な監視の下で特別に投与されるという条件付きでの話です。

か行

記号・英数字

あ行

た行

さ行

■著者紹介

齋藤　勝裕（さいとう　かつひろ）

名古屋工業大学名誉教授、愛知学院大学客員教授。大学に入学以来50年、化学一筋できた超まじめ人間。専門は有機化学から物理化学にわたり、研究テーマは「有機不安定中間体」、「環状付加反応」、「有機光化学」、「有機金属化合物」、「有機電気化学」、「超分子化学」、「有機超伝導体」、「有機半導体」、「有機EL」、「有機色素増感太陽電池」と、気は多い。執筆暦はここ十数年と日は浅いが、出版点数は150冊以上と月刊誌状態である。量子化学から生命化学まで、化学の全領域にわたる。更には金属や毒物の解説、呆れることには化学物質のプロレス中継?まで行っている。あまつさえ化学推理小説にまで広がるなど、犯罪的?と言って良いほど気が多い。その上、電波メディアで化学物質の解説を行うなど頼まれると断れない性格である。著書に、「SUPERサイエンス 日本刀の驚くべき技術」「SUPERサイエンス ニセ科学の栄光と挫折」「SUPERサイエンス セラミックス驚異の世界」「SUPERサイエンス 鮮度を保つ漁業の科学」「SUPERサイエンス 人類を脅かす新型コロナウイルス」「SUPERサイエンス 身近に潜む食卓の危険物」「SUPERサイエンス 人類を救う農業の科学」「SUPERサイエンス 貴金属の知られざる科学」「SUPERサイエンス 知られざる金属の不思議」「SUPERサイエンス レアメタル・レアアースの驚くべき能力」「SUPERサイエンス 世界を変える電池の科学」「SUPERサイエンス 意外と知らないお酒の科学」「SUPERサイエンス プラスチック知られざる世界」「SUPERサイエンス 人類が手に入れた地球のエネルギー」「SUPERサイエンス 分子集合体の科学」「SUPERサイエンス 分子マシン驚異の世界」「SUPERサイエンス 火災と消防の科学」「SUPERサイエンス 戦争と平和のテクノロジー」「SUPERサイエンス 「毒」と「薬」の不思議な関係」「SUPERサイエンス 身近に潜む危ない化学反応」「SUPERサイエンス 爆発の仕組みを化学する」「SUPERサイエンス 脳を惑わす薬物とくすり」「サイエンスミステリー 亜澄錬太郎の事件簿1　創られたデータ」「サイエンスミステリー 亜澄錬太郎の事件簿2　殺意の卒業旅行」「サイエンスミステリー 亜澄錬太郎の事件簿3　忘れ得ぬ想い」「サイエンスミステリー 亜澄錬太郎の事件簿4　美貌の行方」「サイエンスミステリー 亜澄錬太郎の事件簿5［新潟編］　撤退の代償」「サイエンスミステリー 亜澄錬太郎の事件簿6［東海編］　捏造の連鎖」（C&R研究所）がある。

編集担当：西方洋一 ／ カバーデザイン：秋田勘助（オフィス・エドモント）

SUPERサイエンス
量子化学の世界

2022年1月7日　　初版発行

著　者　齋藤勝裕
発行者　池田武人
発行所　株式会社　シーアンドアール研究所
新潟県新潟市北区西名目所4083-6（〒950-3122）
電話　025-259-4293　FAX　025-258-2801
印刷所　株式会社　ルナテック

ISBN978-4-86354-367-6 C0043